EXCURSION

ARTISTIQUE

EN DALMATIE

ET

AU MONTÉNÉGRO

EXCURSION

ARTISTIQUE

EN DALMATIE

ET

AU MONTÉNÉGRO

PAR

M. CHARLES PELERIN

———

PARIS

IMPRIMERIE DE DUBUISSON & Cie

5 — RUE COQ-HÉRON — 5

MDCCCLX

INTRODUCTION

Les rivages orientaux de l'Adriatique, peuplés de races slaves, ont été jusqu'à présent peu explorés. L'Égypte et les Pampas de l'Amérique du Sud sont à coup sûr plus connus que le littoral de la Dalmatie, le Cattaro et le Monténégro. Excepté la ville de Raguse — et quelques autres points peu importants de la Dalmatie — dont les noms ont retenti dans la grande épopée impériale, — qui sait quelque chose de ces étranges pays, de ces archipels curieux qui les enveloppent? La langue et les mœurs, nous les ignorons; le commerce y est presque nul; nous n'avons pas plus de notions exactes sur leur topographie que nous n'en avons sur celle de l'intérieur de la Nouvelle-Hollande. Nous ignorons l'existence d'une foule de petites villes et de bourgs de fondation vingt fois séculaires, où la civilisation romaine a laissé des traces profondes de son passage; en un mot, tout y est pour nous presque barbare.

Quelques savants allemands les ont visitées; mais les relations qu'ils ont publiées, quoique pleines de détails curieux et intéressants, n'ont point été traduites dans notre langue.

Au double point de vue politique et artistique, ces pays méritent cependant qu'on s'applique à les connaître. Ils forment une de ces nombreuses divisions de la grande famille slave, qui occupe également la Russie, la Pologne, une partie de l'empire ottoman et qui, en Allemagne, étend ses rameaux le long de la Baltique jusqu'à Stettin et Francfort-sur-l'Oder.

La race slave, race robuste, énergique et brave, est venue s'établir en Europe à une époque très-reculée, probablement antérieure à la fondation de Rome. D'où sortaient ces audacieux étrangers qui peuplent aujourd'hui toute l'Europe orientale? C'est ce que personne ne saurait dire. Quelques historiens prétendent qu'ils venaient de la Scandinavie.

L'an 68 de notre ère, ils s'emparent de la Mœsie; c'est la première fois qu'ils apparaissent dans l'histoire. Plus tard, en 166, ils pénètrent en Bohême, et viennent faire abreuver leurs chevaux jusque dans les eaux du Rhin; en 270, on les compte parmi les peuples vaincus par Aurélien. Plus tard, nous les voyons se fixer dans les provinces du sud-ouest de l'Europe, longtemps le théâtre des guerres qui ont éclaté entre l'Allemagne, Venise et Constantinople.

Après l'expulsion des Tartares mongols de Moscou, les Slaves s'étendent peu à peu de tous côtés. Charles XII, de Suède, est le premier prince de l'Europe qui s'émeut de l'accroissement de ces races et qui cherche à les repousser au delà de l'Oural, ou tout au moins à paralyser leur expansion. Vainqueur à Pultawa, Pierre Ier fonde cet empire colossal qui n'a d'égal dans l'univers que l'empire chinois. Depuis lors, la Russie, on le sait, rêve une autocratie universelle; et cette autocratie menaçante ne peut s'appuyer que sur toutes les races slaves groupées en un seul faisceau. Et, il faut bien l'avouer, si elle parvenait un jour à les rattacher à sa couronne, cet empire colossal ne comprendrait pas moins de quatre-vingts millions d'habitants, et s'appuierait d'un côté à la mer du Nord et à la mer Baltique, de l'autre à la Méditerranée et à l'Adriatique. Mais ce qui semble devoir éloigner cette fusion, c'est le sentiment d'aversion que ces populations ont les unes pour les autres : le Polonais est l'ennemi implacable, irréconciliable du Russe ; les différentes branches de la race serbe vivent dans un perpétuel état d'hostilité les unes envers les autres, et nourrissent une profonde antipathie pour les Croates.

La population slave forme, à elle seule, la plus grande partie de l'empire autrichien ; mieux conseillée, la maison de Hapsbourg aurait pu s'attacher toutes celles qui s'étendent autour de l'empire et opposer à la Russie une barrière formidable.

L'empereur François-Joseph Ier avait, lui aussi, compris ce danger que nous venons de signaler, et il s'efforça d'étouffer non-seulement la langue nationale slave bohème, mais jusqu'au souvenir de son antique littérature. — Malheureusement, il y pensa tard, et la mort vint trop tôt surprendre ce prince, l'un des plus intelligents de la monarchie autrichienne. Ses successeurs, soit dédain, soit tout autre motif, n'ont pas cru devoir poursuivre cette idée d'unification, et pourtant l'Autriche avait un puissant intérêt à continuer cette œuvre, et surtout à ne pas se laisser confisquer le cours et les embouchures du Danube par les Russes.

Parmi les populations slaves du littoral oriental de l'Adriatique qui ont le plus préoccupé l'opinion publique dans ces derniers temps, est celle qui occupe le Monténégro. Grâce aux escarpements vertigineux de ses montagnes, le Monténégrin, retranché derrière cet asile impénétrable, est resté étranger à tout ce qui se passait autour de lui, si ce n'est pour apporter une complication de plus à la question d'Orient ; et cette poignée d'habitants, ou plutôt de brigands, a pu se livrer impunément à son penchant irrésistible pour la piraterie.

Malgré les rapports commerciaux que l'Autriche tente d'établir sur tout le littoral de l'Adriatique, malgré les efforts du gouvernement de Vienne pour faire pénétrer la civilisation, malgré les bateaux à vapeur qui, partant périodiquement de Trieste, vont toucher à divers points de cette côte, une grande partie de ce littoral est restée en quelque sorte fermée aux touristes. Nous avions donc peu de documents sur le Monténégro. M. Charles Pelerin vient de combler en partie cette lacune.

M. Charles Pelerin est un artiste intelligent, doué d'un esprit de pénétration remarquable et d'une patience de bénédictin. Il est du nombre de ces rares et intrépides voyageurs que rien ne rebute, que rien n'arrête. Il ne s'est pas plu, comme tant d'autres, à suivre les sentiers battus ; il s'est résolûment aventuré dans les méandres, pour nous presque inconnus, des archipels dalmates et des Bouches du Cattaro ; il en a exploré quelques points avec la plus scrupuleuse attention ; il a pénétré dans le Monténégro, jusqu'à Cetinge, sa capitale et résidence du Vladika, et il a rapporté de cette exploration des dessins, de précieuses esquisses sur l'antiquité, les rites, les lois, les mœurs des Slaves de l'Adriatique. Il allait en touriste dans ces pays si près de nous, et pourtant si retirés du monde, ne comptant y passer que quelques jours, n'y faire qu'une pose, comme les hirondelles voyageuses gagnant des latitudes plus douces, et, saisi d'admiration pour cette nature encore sauvage et primitive, — rappelant les montagnes des Tcherkesses et des Kabyles, — il y est resté plusieurs mois à faire des croquis, dont il forme un premier album.

Cet album n'est, à vrai dire, qu'une excursion artistique à travers la Dalmatie et le Monténégro ; mais M. Pelerin a su rendre attrayant, par un style coloré et d'une grande clarté, des anecdotes locales, des documents historiques, ce que l'archéologie a de sec et d'aride ; et nous sommes assurés qu'on lira sa narration et qu'on examinera ses dessins avec le plus grand intérêt.

FRÉDÉRIC DAVID.

AMPHITHÉÂTRE A POLA

1

EXCURSION

ARTISTIQUE

EN DALMATIE

ET

AU MONTÉNÉGRO

Six heures venaient de sonner comme notre bateau à vapeur, fidèle à son programme, méthodique comme un Allemand, achevait de lever l'ancre et quittait le port de Trieste. C'était par une belle matinée du mois de septembre; une de ces douces brises de l'aube, que les marins attendent pour s'éloigner du rivage, gonflait à peine les voiles latines des nombreuses barques qui en avaient profité pour partir et gagner le large, soit pour faire la pêche, soit pour faire le cabotage de la côte. Le soleil naissant dorait les sommets lointains des Alpes juliennes, et éclairait ces gracieuses collines boisées de l'Istrie, dont le vert commençait à jaunir; à mesure que nous avancions, de jolis villages avec leurs côteaux de vignes se déroulaient successivement à notre vue; les hauteurs, ornées de vieux châteaux, de couvents, de clochers, complétaient ce tableau mouvant. De temps à autre, de hardis promontoires allongaient dans la mer leurs remparts de rochers escarpés, dont les profondes échancrures forment de petites anses où les barques, menacées par la bora (1) ou le sirocco, trouvent un abri sûr.

(1) Vent du nord-est.

Nous passâmes, sans nous y arrêter, devant Capo d'Istria, le Capra des anciens, et capitale de l'Istrie sous la république de Venise; Capo d'Istria doit assurément renfermer maints objets intéressants pour l'antiquaire et le touriste.

La tradition indique ces côtes comme le point où Jason et Médée, poursuivis par les Colches, se sont embarqués pour retourner dans leur patrie.

Toujours est-il vrai que tout le pays fut colonisé par les Colches, qui lui donnèrent le nom d'*Istrie* qu'il porte aujourd'hui; exemple peut-être unique dans l'histoire des peuples, qu'un pays ait conservé son nom primitif sans aucune altération depuis les temps les plus reculés.

Notre première relâche se fit à Pirano, petite ville assise sur une lisière de grève qui serpente au pied des hauteurs avoisinantes dont l'ancienne forteresse fait le principal ornement.

C'est dans les eaux de Pirano qu'eut lieu au xii⁰ siècle le célèbre combat entre la flotte vénitienne et les escadres réunies de Pise, Gênes et Ancône, sous le commandement d'Othon, fils de Frédéric Barberousse. Le sort fut défavorable aux alliés, et le jeune prince impérial fut amené prisonnier à Venise. De cette victoire date la singulière coutume par laquelle les doges épousaient l'Adriatique.

Lorsque la flotte rentra triomphante dans le port, Alexandre III, pape fugitif, qui habitait alors Venise, donna son anneau au doge Ziani, en lui concédant, pour lui et ses successeurs, la souveraineté de cette mer, qui devait lui être soumise comme une épouse à l'autorité de son mari.

En doublant le promontoire, on passe devant Omago. Ensuite le clocher et la ville de Buja, situés sur une montagne peu éloignée de la côte, appellent les regards pendant longtemps. Sa position élevée, d'où la vue domine tout le pays, lui a valu le surnom d'espion de l'Istrie.

Vers midi, nous arrivâmes à Parenzo, et une halte de deux heures nous permit d'examiner son église, monument des premiers temps du christianisme. D'après le savant docteur Kandler, qui a donné de si précieux renseignements sur les antiquités de l'Istrie, cet édifice remarquable fut terminé en l'année 543, absolument tel qu'il existe aujourd'hui.

Comme toutes les basiliques, celle de Parenzo a l'entrée vers l'ouest; sa façade était autrefois ornée de tableaux en mosaïque; mais, des nombreuses figures qui les composaient, il ne reste que çà et là quelques fragments isolés.

L'intérieur est partagé en trois nefs, séparées par des rangs de colonnes en marbre oriental. Chaque colonne porte le monogramme de l'évêque Euphrasion, fondateur de l'église. Les chapiteaux sont très variés et n'ont aucunement souffert, malgré la délicatesse de leurs ciselures et mille trois cents ans d'existence. Le riche pavé en mosaïque d'autrefois est maintenant caché sous les dalles. Dans un endroit seulement, on a pratiqué une ouverture, recouverte et fermée par des planches, que l'on soulève à volonté pour laisser voir l'ancien travail artistique.

A peu de distance de la cathédrale, sont des restes insignifiants de deux temples païens, que les paysans ont dépouillés pierre par pierre au profit des misérables huttes qu'ils ont élevées sur les anciennes fondations.

Suivant une opinion, traditionnelle dans le pays, l'ancienne *Parentium*, ainsi que d'autres villes sur cette côte, auraient disparu par l'empiétement continuel de la mer.

Au delà de Parenzo, on commence à remarquer ces groupes d'îlots ou *scogli* qui enveloppent les côtes de la Dalmatie.

Près de Pola, le pays change d'aspect. Plus de villages riants ni de collines boisées; un rivage plat ou légèrement ondulé, couvert d'épaisses broussailles. La grande route en interrompt la continuité et apparaît comme un ruban blanc et poudreux courant sur le vert sombre des genièvres.

Au milieu de cette plage, déserte et malsaine, s'élève un majestueux amphithéâtre; l'extérieur, bien conservé, et la pierre blanchâtre dont il est construit, sembleraient annoncer une construction moderne, si le genre de l'édifice n'appartenait pas à une autre époque.

La ville est à quelque distance, et semble s'être écartée respectueusement pour laisser le monument romain isolé dans sa grandeur.

L'amphithéâtre est de forme elliptique et repose à moitié sur une colline. L'architecte, dédaignant les travaux d'aplanissement, a trouvé plus simple d'adapter l'édifice à l'inégalité du terrain, de sorte que le côté qui regarde la mer compte un étage de plus. Vers le milieu du premier rang d'arcades, où le terrain est plus bas, chaque pilier repose sur un piédestal élevé; ce piédestal disparaît au fur et à mesure que l'élévation du sol se fait sentir, les piliers se raccourcissent peu à peu jusqu'à la colline où le rang inférieur manque tout à fait. Un second rang d'arcs, pareil au premier, fait tout le tour de l'édifice; sur le devant il repose sur l'étage inférieur, du côté opposé il a la colline pour base.

On comprend que cette singulière construction doit avoir exigé une distribution exceptionnelle, non-seulement de l'intérieur, mais encore des portes d'entrée. Au-dessus du second rang d'arcades s'élève l'étage supérieur qui, seul, présente un aspect uniforme de tous les côtés. C'est un rang d'ouvertures quadrangulaires qui ont dû servir de croisées. Cet amphithéâtre a une particularité dont je ne connais pas d'autre exemple : en dehors du cercle extérieur s'élèvent à distances égales quatre tours carrées. Quoiqu'on ignore leur destination, il est probable qu'elles auront contenu des escaliers.

On voit dans une de ces tours les restes d'une loge d'où l'empereur ou les hauts fonctionnaires assistaient aux combats.

Quant à la disposition de l'intérieur, il ne reste malheureusement rien sur quoi on puisse baser la moindre conjecture. On reconnaît encore l'ovale de l'arène, ainsi que quelques-unes des ruelles qui servaient d'entrée aux bêtes féroces; mais tout vestige de bancs ou d'escaliers a disparu complètement. Peut-être en existe-t-il encore des restes dans les pavés ou les murs de Venise (1); car cette république d'illustres pirates doit la plupart de ses gloires artistiques aux succès de ses armes, et la fameuse cathédrale de Saint-Marc n'est qu'une riche mosaïque de dépouilles levantines; chacune de ses colonnes est le résultat d'une victoire, parfois d'une profanation. Le génie

---

(1) Il est un fait avéré et traditionnel dans le pays, que, du temps de la domination vénitienne, beaucoup de bâtiments partirent pour la capitale chargés au complet avec des pierres retirées de l'amphithéâtre.

PORTA AUSCA   POLA

2

vénitien s'est emparé de ces matériaux hétérogènes ; il a su les assembler, combiner, harmoniser, produire enfin ce chef-d'œuvre qui fait l'admiration de l'Europe.

Il est à regretter qu'il n'existe aucune inscription qui puisse indiquer l'époque de la fondation de l'amphithéâtre de Pola. Les paysans des environs ont là-dessus des croyances naïves et touchantes. Je citerai à ce sujet quelques lignes de l'intéressant ouvrage de M. Kohl :

« Un habitant de Pola, dit-il, s'exprimait de la manière » suivante : Quelques-uns de nos gens croient réellement » qu'il a été bâti par un grand souverain ; d'autres sou- » tiennent que Dieu l'aurait créé par sa toute-puissance, » sans l'aide d'un architecte ; je veux bien être du premier » avis, c'est plus probable ; pourtant, ajoute-t-il, *questa* » *opera non ha principio nè fine* (cette œuvre n'a ni com- » mencement ni fin). » Il y a tout un poëme dans ces sim- ples paroles ; elles sont le commentaire éloquent de cette grandeur que l'ignorance apprécie sans arriver à la comprendre, et elles rendent patente la distance qu'il y a des structures gigantesques des anciens à nos utilités modernes.

Après avoir terminé notre examen, nous rentrâmes dans la ville par la *Porta Aurea*, arc de triomphe de dimensions moyennes qui, pour l'harmonie des proportions, la richesse des ornements, et sa parfaite conservation, peut soutenir une comparaison avec les meilleurs modèles d'architecture romaine.

Comme on voit dans la lithographie ci-jointe, la façade présente quatre colonnes d'ordre corinthien qui soutiennent l'entablement ; les angles au-dessous de l'architrave sont ornés de deux Victoires couronnant le vainqueur ; les chevaux et les guirlandes de la frise sont d'un beau travail et admirablement conservés. Un dessin capricieux, dans lequel des feuilles et des grappes de raisin s'entrelacent sur un treillage, couvre les parois intérieures de l'arc. Ce gracieux ornement séduit par la finesse de son exécution, et, dans certains endroits, ressort avec une grande netteté. Une inscription sur la frise nous apprend que ce monument fut érigé au tribun Lucius Sergius Lepidus, par sa veuve Salvia, *à ses propres frais*. Cette dernière clause ferait naître le soupçon que la digne matrone tenait autant à mettre ses richesses en évidence qu'à témoigner de son amour conjugal.

Celui qui regarde attentivement le dessin de la place de Pola apercevra dans un coin, hors la ligne des maisons, et presque masqué par le café à gauche, un portique corinthien. C'est le temple d'Auguste, qui faisait la gloire de l'ancien Forum, et que l'on a impitoyablement laissé en dehors de la place moderne. Les mesquins réduits qui l'entourent détruisent entièrement le coup-d'œil. A droite et à gauche, le sol est jonché de fragments de torses, de têtes défigurées, de membres mutilés, d'une grande quantité de draperies, débris informes, entassés pêle-mêle, et dont la malpropreté fait peu d'honneur à la police urbaine.

La façade du temple ne porte aucune trace sensible des injures du temps ni des outrages de mains iconoclastes ; les colonnes, avec leurs chapiteaux délicats et les riches moulures de l'entablement, sont restées intactes ; sur les côtés, dans certains endroits, la saillie de la corniche est un peu endommagée.

Ce temple aurait été dédié à Rome et à l'empereur Auguste, s'il faut en croire l'inscription encore très lisible de la façade : *Romæ et Augusto Cæsari Divi Filio Patri Patriæ.*

L'intérieur contient quelques antiquités qui ont été trouvées dans les excavations ; ce sont pour la plupart des vases étrusques, des fragments de bas-reliefs ou des pierres portant des inscriptions.

Sur l'emplacement du temple de Diane, qui se trouvait autrefois à côté de celui d'Auguste, est le palais du gouverneur vénitien ; il sert actuellement de mairie. Cet édifice, comme tous ceux qui dépendaient du gouvernement, porte le lion de saint Marc sculpté dans la pierre, non loin duquel on voit l'aigle à deux têtes, modestement peint sur bois en guise d'enseigne. Est-ce une satire sur notre siècle, qui vise plus à l'économie qu'à la durée ?

Une partie des murs du temple a été utilisée dans l'arrière-corps du bâtiment ; le peu qui en reste est bien conservé.

On ne saurait rien préciser sur l'origine de Pola. D'après Pline et Pomponius-Mela, elle aurait été fondée par les Colches ; mais nous n'avons aucune donnée positive sur son histoire antérieure aux Romains. Détruite par Jules César à cause de son dévouement à Pompée, elle fut rebâtie quelques années plus tard, à la prière de Julie, fille de l'empereur Auguste ; c'est à cette circonstance qu'elle devait son ancien nom de Pietas Julia.

L'excellence de son port, d'un accès facile, d'une grande capacité, et abrité contre tous les vents, en fit un point important pour les Byzantins ainsi que pour la république de Venise ; mais cette dernière ne s'occupa que de la construction et de l'entretien des forts, et la cité florissante des Césars se réduisit peu à peu en un village de 1,500 âmes. Sa position avantageuse a attiré sur lui l'attention du gouvernement ; depuis quelques années, l'activité y règne ; plus d'un millier d'ouvriers travaillent journellement aux forts, aux arsenaux, aux bassins de radoubage et aux constructions navales ; déjà de somptueux édifices s'élèvent sur la plage et développent les formes carrées et régulières qui distinguent en toùs pays les bâtiments destinés au service du public ou du gouvernement. Enfin, un établissement militaire autrichien naît des cendres de l'ancienne Pietas Julia.

Pola occupe une partie de l'emplacement de la ville romaine; cette dernière s'étendait vers le nord jusqu'à l'amphithéâtre. On a fait sur les terrains inoccupés quelques excavations, que dirigeait avec enthousiasme l'abbé Carrara; malheureusement, les travaux étaient encore peu avancés lorsqu'une mort prématurée enleva ce jeune savant aux espérances de ses concitoyens, et il est à craindre que les décombres ne restent longtemps enfouis sous l'épaisse couche de terre qui les recouvre depuis tant de siècles.

Une des anciennes entrées de la ville, *Porta Gemina* est encore restée debout; c'est un double arc sans ornement, très bien conservé. Elle conduisait probablement au Capitole, dont on distingue encore quelques marches.

Suivant l'usage, cet édifice occupait le point culminant d'une colline, d'où on découvre l'entrée du port et toutes les campagnes des alentours. Après la chute de l'empire romain, les comtes d'Istrie y érigèrent une forteresse, qui fut entretenue et augmentée par les Vénitiens. L'armée française la détruisit en 1814, et les Autrichiens l'ont reconstruite en y ajoutant de nouvelles défenses.

La cathédrale de Pola, édifice fort simple du xive siècle, renferme un joli morceau de sculpture antique, qui sert aujourd'hui de fonts baptismal. C'est un bassin de marbre blanc, orné d'*amours*, et provenant vraisemblablement d'un bain romain.

Aucun étranger ne passe à Pola sans visiter l'ancien couvent des Franciscains, pour cueillir une branche du fameux laurier, rejeton de l'arbre dont les feuilles ornèrent les tempes d'Auguste à son entrée au Capitole. Cette tradition n'a rien d'impossible. L'arbre lui-même porte des indices de vétusté qui témoignent d'une existence de plusieurs siècles, et le soin que l'on a mis jusqu'à ce jour à sa conservation, prouve que la croyance qui le protége date d'une époque fort éloignée de nous. Son tronc noir et tordu est soutenu par des poteaux, ainsi que les branches principales, dépourvues de feuilles; les rameaux supérieurs sont revêtus d'un riche feuillage, frais et vert comme la couronne qui ceignit le front de César.

Les carrières abondent dans tous les environs de Pola. Elles jouissaient autrefois d'une grande célébrité. Pendant plusieurs siècles, elles ont fourni les matériaux pour la construction des principaux monuments d'Aquiléia et de Ravenne. Les Vénitiens y recouraient moins souvent; ils préféraient enlever les pierres déjà taillées des anciens édifices.

Les anciennes carrières appelées *Cave romane*, dont on a probablement extrait la pierre pour l'amphithéâtre de Pola, sont depuis longtemps abandonnées. Celle que nous avons vue a l'apparence d'un rocher taillé à pic, mais avec une précision telle, qu'on dirait qu'un outil gigantesque a scié d'un seul trait ces parois dans toute leur immense profondeur. Les angles sont un peu arrondis par le contact de l'air, car, sans fixer d'époque, on peut hardiment affirmer qu'aucune pierre n'en a été enlevée depuis que l'usage de la poudre a apporté de si grandes modifications à ce genre de travaux.

Pola est située presque à l'extrémité méridionale de la péninsule. Cette péninsule doublée, on entre dans le Quarnero, golfe orageux et plein d'écueils, qui baigne une côte inaccessible et dépourvue de ports. Tel est le contraste que présentent l'est et l'ouest de l'Istrie. La côte occidentale qui regarde l'Italie est riche et peuplée; vers l'est, ou du côté de la Dalmatie, ce ne sont que montagnes stériles, desséchées par la *bora*.

A droite, on voit l'île de Cherso, dont le terrain pierreux ne fournit que de maigres pâturages; dans l'intérieur, on récolte une petite quantité de vin et d'huile.

Après dix heures de navigation, nous débarquâmes à Fiume, petite ville assise à l'angle septentrional du Quarnero. Elle est adossée à une chaîne de collines partiellement boisées, sur l'une desquelles on distingue le château de Tersatto, d'où l'on jouit d'une vue magnifique.

Fiume compte à peu près dix mille habitants; son importance va en augmentant, et la ligne de belles maisons qui encadre le port lui donne de loin l'apparence d'une ville beaucoup plus considérable. En face, on voit les îles de Veglia et de Cherso. Dans un couvent du village voisin de Tersatto, on fait voir une madone que l'on assure avoir été peinte par saint Luc. Ce singulier portrait est indubitablement très ancien; les traits paraissent exprimer une grande douceur, mais ils ne ressortent qu'imparfaitement du fond obscur du tableau, noirci par le temps, et rendu plus confus par la position peu avantageuse où il est placé. Cette vierge est très vénérée dans les environs, aussi fait-on de nombreux pèlerinages au couvent, et nous avons vu des malheureux gravir à genoux les quatre cents marches qui y conduisent.

En quittant Fiume, le bateau à vapeur longe un étroit canal à l'abri des vents, formé par l'île de Veglia. Malgré le triste aspect que présentent ses côtes dépeuplées,

A Hirsch Lith. Imp Lemercier Paris. F. David Edit.

PLACE DE POLA

cette île était autrefois d'une grande fertilité, et produisait en abondance de l'huile, du vin et toutes sortes de graines. Les fameux escargots dont Pline fait mention comme une friandise des tables romaines, s'y trouvaient en quantité. Veglia a conservé longtemps son indépendance. A la fin du xve siècle, le comte Giovanni Frangipani la soumit à la République de Venise.

En sortant du canal de Veglia, nous entrâmes dans le port de Segna, petite ville assise au pied des montagnes de la Croatie, autrefois repaires des Uscoques, qui se réfugiaient au besoin dans les forêts de la côte, dont toute trace de végétation a disparu depuis longtemps.

A partir de Segna, le bateau s'éloigne du rivage et s'engage dans un labyrinthe de canaux qui se prolongent presque sans interruption jusqu'à Raguse. Ces détroits sont formés par d'innombrables îlots qui semblent s'être détachés des montagnes de la côte et brisés dans leur chute.

L'entrée de ces anses, où les pirates se cachaient pour attendre leur proie, est masquée par d'innombrables rochers qui surgissent en groupes hardis. C'est un paysage sans aucune variété de coloris : on ne voit que le bleu de l'eau et le gris de la pierre. D'un côté, les îles d'Arbe et de Pago, langues étroites, plates et pierreuses, jetées au pied des montagnes ; de l'autre, les masses grises des îlots interrompent la surface unie des eaux.

Malgré leur stérilité, ces îles sont toutes plus ou moins habitées. Çà et là, dans un creux entre deux rochers, on aperçoit un petit jardin de vignes et d'oliviers, gardé comme un trésor et abrité de l'haleine desséchante de la bora ; dans le voisinage des villages, quelques douzaines de brebis ont l'air de botaniser sur des rochers, où l'on ne distingue pas le plus petit brin d'herbe ; les mousses et les plantes aromatiques qui croissent entre les crevasses fournissent un aliment peu abondant, mais savoureux, à ces animaux, dont la viande a un goût exquis.

Dans l'intérieur, il se trouve quelquefois un petit nombre d'arpents de terre labourable ; mais les travaux agricoles sont trop pénibles, sur un sol ingrat, où le manque d'eau ajoute encore à la stérilité du terrain. Aussi, les insulaires de l'archipel dalmate se livrent-ils presque exclusivement à la pêche et à la marine ; l'excellence des ports offre de grandes facilités, et la pêche, très abondante dans ces mers, suffit largement à leurs modestes exigences.

Les deux îles de Cherso et Ossero, séparées par un étroit canal, constituent une superficie de cinquante milles de longueur (1) ; elles avancent comme une flèche depuis

Fiume jusqu'au milieu du golfe, qu'elles divisent en deux parties. Ossero est plus petite que Cherso ; ses côtes, encore plus arides, ne présentent qu'une suite d'ondulations pierreuses ; la population y est clair-semée. On y récolte une petite quantité de vin et d'huile. Son principal port, Lussin-Piccolo, petite ville de 3,000 habitants, est situé dans une baie spacieuse et profonde, à laquelle on a donné le nom de *Val d'Augusto*, en honneur, dit-on, de l'empereur Auguste qui s'y serait réfugié avec sa flotte. Je doute de l'authenticité de cette tradition, quoique le port soit d'une capacité suffisante. Le commerce de Lussin-Piccolo est assez animé et compte plus de bâtiments que Raguse, Zara et autres villes de la côte, plus importantes numériquement. Ses habitants ont la réputation d'excellents marins.

Je finirai ce chapitre avec les paroles énergiques de M. Fortis, qui compléteront mieux que je ne saurais le faire le portrait des îles du Quarnero (1) : « *Vanno de vasti tratti di campagna del tutto sassosi e magri e spogli di modo, che ajutano a formare una idea delle solitudini d'Oriente, nelle quale tutto è aridezza, sterilità, desolazione.* »

Zara (2) (Jadera), dont le nom est probablement connu de tous mes lecteurs, — grâce aux étiquettes mensongères que nos fabricants de liqueurs posent sur leurs bouteilles, — était, du temps des Romains, et peut-être antérieurement, un débouché important pour les produits de l'Italie et de l'Istrie. Son port naturel, d'accès facile quel que soit le vent qui règne ; sa position topographique sur le bord d'une plaine fertile qui s'étend jusqu'au Belebich, et qui, par conséquent, offre de grandes facilités de transport ; ses avantages stratégiques, dont les nombreux siéges qu'elle a supportés témoignent suffisamment, désignaient cette ville comme un entrepôt général, d'où les troupes et les marchandises pouvaient pénétrer par divers chemins dans l'intérieur de l'Illyrie. Aussi, toutes les puissances qui se sont succédées dans la souveraineté de l'Adriatique ont-elles reconnu son importance commerciale et militaire, et, sous les diverses phases de la domination vénitienne, dans les luttes prolongées que la République eut à soutenir alternativement avec les rois de Croatie et de Hongrie, Zara a toujours été le premier point reconquis et la dernière forteresse livrée à l'ennemi.

On y trouve très peu de souvenirs des dominations antérieures. La porte d'entrée qui donne sur le port,

---

(1) On compte 60 milles italiens au degré.

(1) Fortis. *Saggio di osservazioni sopra le isole di Cherso e d'Ossoro.*

(2) Ancienne capitale de la Liburnie, actuellement chef-lieu de la Dalmatie.

appelée *Porta di San-Crisogono*, est un arc de triomphe romain. Il est fort simple ; deux colonnes soutiennent l'entablement, qui porte l'inscription suivante :

MELIA ANNIANA. IN. MEMOR. Q. LAEPIGI. Q. F.
SERG. BASSI MARITI SVI
EMPORIUM. STERNI. ET. ARVM. FIERI. ET. STA-
TVAS SUPERPONI. TEST. JVSS. EX. HS. DCCXXI.

Une inscription moderne, placée au-dessus, rappelle un événement fécond en résultats pour l'Europe et la chrétienté : la grande victoire de Lépante.

L'église de San-Donato, maintenant convertie en dépôt d'approvisionnements militaires, est un ancien temple païen dédié à Junon, selon Farlati.

Il ne reste de l'édifice primitif que quelques colonnes corinthiennes, dont les chapiteaux se montrent à travers la charpente.

La colonne de marbre sur la *Piazza delle Erbe* est probablement d'origine romaine ; s'il faut en croire la tradition populaire, elle aurait appartenu à un temple ; les Vénitiens y posèrent leur lion, qui est maintenant plus avarié que la colonne elle-même.

Une partie de l'aqueduc romain existe encore ; les Vénitiens l'utilisèrent dans la construction des *cinque pozzi*.

Ces fameuses citernes, faites sous la direction du célèbre Sammicheli, servent encore de réservoirs pour alimenter la ville. La *Porta di Terra Ferma* est aussi du même architecte ; c'est un arc soutenu par deux colonnes doriques. On lit sur l'entablement :

Pax tibi, Marce, evangelista meus.

La cathédrale est un monument remarquable, dans le style lombard ; elle fut élevée, au commencement du xiie siècle, par le doge Henri Dandolo, pour se réconcilier avec le pape Innocent III, qui lui avait adressé de fortes remontrances à propos du pillage des églises, lors de la prise de Zara. Son reliquaire est très-riche ; on y conserve, entre autres objets, un os de saint Marc, dont l'histoire assez curieuse mérite d'être rapportée.

Un habitant de Zara, pèlerin en Orient, ayant réussi, à force de stratagèmes, à pénétrer jusqu'au lieu sacré où reposait le corps du saint apôtre, sépara la jointure de l'épaule, qu'il enleva pour en faire cadeau à sa ville natale. Plus tard, quand les Vénitiens eurent emporté le reste du corps, ils essayèrent de faire restituer ce fragment dérobé par un pieux larcin à son premier sanctuaire, offrant en échange un morceau de la tête de saint Titus, premier apôtre du christianisme en Dalmatie. Les Zaratins y consentirent d'abord, mais, après avoir reçu cette seconde relique, ils trouvèrent bon de garder les deux.

La première est encore un des trésors de leur cathédrale.

Parmi les célébrités de Zara, il ne faut pas oublier son marasquin, sur lequel le lecteur ne sera peut-être pas fâché d'avoir quelques détails.

Presque toute la Dalmatie produit des marasques, ou cerises sauvages, qui servent à sa fabrication ; mais les meilleures viennent sur l'île de Brazza, près de Spalato. Elles sont cueillies vers le mois de juillet, avant d'être tout à fait mûres, et on les charge aussitôt sur des petits bateaux à voiles, car il est important que le transport se fasse sans perdre de temps. A peine rendues à leur destination, quelques centaines de femmes se mettent à l'œuvre, séparent le fruit du noyau, dont on ne se sert pas pour le marasquin ordinaire. Après cette préparation, le fruit est jeté dans des cuves, où on le remue trois fois par jour, afin que la fermentation se fasse d'une manière égale. Avec les cerises, on embarque aussi une certaine quantité de feuilles cueillies sur les mêmes arbres et choisies parmi les plus tendres et les plus fraîches. Ces feuilles, dont on enlève la nervure principale, sont soigneusement pilées et mêlées au fruit fermenté, et c'est je crois ce qui donne au marasquin de Zara son arôme particulier. On ajoute ensuite 10 °/₀ d'eau-de-vie de raisin, puis on retire le liquide pour le sucrer. Pour lui conserver sa pureté crystalline, on emploie le sucre le plus raffiné. En dernier lieu, la liqueur est filtrée à plusieurs reprises et il ne reste plus qu'à la mettre en bouteille.

La ville de Zara est régulièrement bâtie ; ses rues sont dallées et trop étroites pour permettre la circulation des voitures. Elle offre en général l'aspect d'une ville italienne, modifiée cependant par le voisinage du Levant, avec ses costumes pittoresques et ses habitudes semi-barbares : on y voit le Monténégrin en tunique blanche, le Grec à fustanella, le Morlaque et le Juif avec leurs turbans d'un rouge décoloré.

Le bateau qui nous emmena offrait une variété de physionomies non moins curieuse ; notre équipage se composait d'hommes robustes, marins expérimentés, presque tous nés sur les côtes ou dans l'archipel dalmate ; les voyageurs formaient une société hétérogène, où se confondaient des officiers autrichiens, des négociants albanais et bosniens, une famille arménienne, avec des enfants grotesquement entortillés dans des pelisses à fourrure, des Turcs et des Russes voyageant pour le compte de leurs gouvernements ; une douzaine de moines de différents ordres, un nombre assez considérable de femmes du pays, accroupies sur le pont avec leurs bruyants marmots, et de quelques vrais tou-

D. Keller lith.　　　Imp. Lemercier Paris.　　　F. David Edit.

PORTA AUREA SPALATO

6

ristes. Il eût été difficile de rencontrer ailleurs plus de costumes et de dialectes dans un si petit espace.

Une demi-lieue au-dessus de Zara, on aperçoit au loin le village d'Erizzo, habité par une colonie d'Albanais catholiques, qui s'y établit vers la fin du siècle dernier, sous la protection du métropolitain Smaivich, antérieurement évêque d'Antivari.

On passe, sans y toucher, devant Zara-Vecchia : cette ville, très-considérable au moyen âge, fut détruite par les Vénitiens en 1115; elle n'est plus aujourd'hui qu'un pauvre village.

En sortant du canal de Zara, qui s'étend, dans une longueur de trente ou quarante milles, entre les îles d'Uglian et Pasman et les basses collines de la côte, nous nous trouvâmes devant les scogli de Sebenico. Ce groupe d'îlots est habité par une population pauvre et laborieuse, qui s'occupe pendant l'été de la pêche du corail et des éponges; ces dernières se trouvent à trois ou quatre brasses de la surface de l'eau; on les sépare aisément du banc à l'aide d'une longue pointe en fer. Les bancs de corail restent à une plus grande profondeur, et la pêche en est plus difficile, à cause des soins qu'il faut prendre pour ne pas briser les branches de cette substance délicate. Le thon et le dauphin abondent dans ces eaux.

Sebenico est situé à l'embouchure de la Kerka, dans une baie intérieure, qui communique avec la mer par un canal étroit et tortueux, dont la navigation, à cause des bords escarpés, est fort dangereuse pour les bâtiments à voiles allant avec un vent contraire. Sur un petit promontoire, à l'entrée de ce canal, s'élève le fort de San-Nicolo, œuvre du Vénitien Sammicheli. Sur la porte principale est une figure colossale du lion de saint Marc, qui, abattue et mutilée pendant l'occupation française, fut remise dans sa niche par ordre de l'empereur François. Selon Giustiniani, Sebenico devrait sa fondation aux Uscoques. Après la destruction de Scardona, elle devint une ville considérable ; et, bien que moins populeuse aujourd'hui qu'autrefois, elle a encore une certaine importance. Elle se ressent de son origine. Sa population est plutôt slave qu'italienne, et ses rues mal pavées et montueuses, bordées de maisons irrégulières, ne gardent aucune trace du génie vénitien. La Piazza del Signor, modeste copie de celles qui ornent les villes de l'Italie, ne ferait qu'une triste figure sans la majestueuse cathédrale qui en occupe un côté. Cette église, une des plus belles de la Dalmatie, fut commencée dans le xv° siècle. L'intérieur, dans le style renaissance, est très orné; le toit, ainsi que la coupole, d'une grande hardiesse, sont voûtés en blocs de pierres.

Sebenico est connue dans les chroniques de l'art comme lieu de naissance d'Andrea Schiavone, Martin Rota, et d'autres célébrités, qui trouvèrent à Venise un assez vaste champ pour exercer leurs talents.

Peu après notre départ de Sebenico, nous doublâmes le cap de la Planca (promontoire de Diomède), qui marque l'extrémité sud-ouest de la Dalmatie. Ce rocher plat avance dans la haute mer, juste dans l'intervalle entre les *scogli di Sebenico* et le groupe d'îles qui forment le canal de Spalato, de sorte qu'il reçoit toute la violence du courant. C'est un endroit fort redouté par les marins; quelquefois même, les bateaux à vapeur sont forcés de rebrousser chemin pour attendre le beau temps dans quelque port voisin : heureusement, le refuge se trouve à côté du péril. Dans la province de Spalato seulement, il y a plus de cinquante anses ou criques où les bâtiments peuvent s'abriter et jeter l'ancre.

Sur une douce pente, au-dessus de la Planca, s'élève une petite église, touchant appel à l'aide de Dieu contre la fureur des éléments. A propos de cette église, Gardner Wilkenson raconte une anecdote curieuse, suivant laquelle un âne aurait fait prisonnier un loup.

Un paysan, dit-il, laissa un jour son âne attaché à la porte entr'ouverte, et descendit sur le rivage ; comme il tardait à revenir, l'âne, incommodé par le soleil, entra dans l'église aussi loin que lui permettait sa longe, afin de se mettre à l'ombre; il y fut suivi par un loup, que l'espoir d'une proie avait attiré de ce côté; l'âne, effrayé de se trouver face à face avec un ennemi si redoutable, se jeta dehors en tirant violemment sa corde, de sorte qu'il ferma la porte et laissa son adversaire prisonnier. Le paysan à son retour, remarqua l'inquiétude de son âne ; l'idée lui vint de regarder dans l'église, et il aperçut le loup, qui fut aussitôt pris avec l'aide de quelques pêcheurs.

Au sud-est de la Planca, on voit l'île de Lissa, l'ancienne Issa, colonisée par Denis, tyran de Syracuse. Ce fut ici que Teuta, veuve d'Agron, roi d'Illyrie, fit assassiner l'envoyé de la République romaine, qui était venu porter plainte des pirateries exercées par les insulaires. Cet acte d'agression fournit aux Romains un prétexte pour attaquer l'île, qu'ils convoitaient depuis longtemps.

Nous côtoyâmes ensuite l'île de Bua, ainsi nommée, selon quelques auteurs, à cause de l'énorme quantité de bœufs qu'on engraissait sur ses pâturages.

L'aspect, entièrement stérile, de cette île semble contredire une pareille étymologie. Du reste, dans les derniers temps de l'empire romain, l'île de Bua servait de lieu d'exil pour les condamnés politiques. En la laissant derrière nous, nous entrâmes dans le port de Spalato.

Spalato doit son origine au palais de Dioclétien. L'obscur fils de Salona, fatigué de revêtir la pourpre impériale, vint demander le repos aux lieux qui l'avaient vu naître, où s'était écoulée son enfance insignifiante et qui avaient été témoins de ses aspirations naissantes ; c'était là aussi, dans ce petit coin de terre, qu'il avait caressé ses premiers rêves ambitieux. Il espérait peut-être, à la vue de ces murs familiers, ressaisir le bonheur de sa jeunesse, dont la souveraineté du monde lui avait fait apprécier la valeur. C'est du moins ce qui apparaît dans sa réponse aux instances de Maximien, avec lequel il avait jadis partagé le sceptre : « S'il m'était possible de te faire voir » le chou que j'ai planté de mes propres mains, à Salona, tu ne m'engagerais pas à changer mes calmes » jouissances pour le pouvoir suprême. »

La construction du palais occupa Dioclétien pendant douze ans. On ignore quelle en fut la destination après sa mort. Probablement que les appartements de ce vaste édifice furent distribués pour différents usages, tout en en réservant une partie au but primitif.

Jules Nepos, empereur détrôné, y trouva aussi, quelques années plus tard, un asile auprès de l'évêque Glycerius, à l'instigation duquel il y fut assassiné.

Mais après que les Avares, en 639, eurent détruit et rasé Salona, le palais de Dioclétien fut appelé à jouer un rôle important dans l'histoire de la Dalmatie. Quelques fugitifs, qui avaient cherché dans les îles un refuge contre la fureur des barbares, revinrent, après que l'orage fut passé, planter leurs pénates dans l'enceinte du palais, et une nouvelle ville s'éleva peu à peu à l'abri de ces murs hospitaliers, dont la solidité semblait offrir une garantie pour l'avenir.

La cour byzantine autorisa l'occupation des demeures ainsi construites, et l'empereur Sévère permit de consacrer au culte du vrai Dieu le temple de Jupiter.

La nouvelle église fut mise sous la protection de saint Doime, premier évêque de Salona, qui avait reçu le martyr sous l'empereur Trajan, l'an 104. Telle fut le commencement de la ville de Spalato, qui s'étend aujourd'hui bien au delà des limites dans lesquelles la crainte des barbares l'avait maintenue prudemment pendant longtemps.

Le palais de Dioclétien forme un parallélogramme dans les proportions de 190 mètres de longueur sur 160 de largeur (1). Chaque angle était orné d'une tour carrée ;

(1) Lanza, *Palazzo di Diocleziano.*

trois restent encore debout. Les murs extérieurs ont sept pieds d'épaisseur ; ils sont plutôt défigurés que cachés par les maisons qui s'y appuient.

La porte principale, connue sous le nom de *Porta Aurea,* et qui donne sur la route de Salona, est bien conservée ; c'est une entrée quadrangulaire surmontée d'une grande fenêtre en semi-cercle, dont l'arc est orné de moulures. Au-dessus s'élève un rang d'arcades formant une série de niches, destinées probablement à des statues. Ces arcs reposaient, dit-on, sur des colonnes en porphyre, que les Vénitiens auraient enlevées.

Les trois grandes entrées, appelées Porta Aurea, Porta Ferrea et Porta Enea, étaient flanquées de deux tours octogones, qui servaient à la fois d'ornement et de défense. Il existe encore des restes d'une de ces tours, et quoique les tronçons soient enclavés dans d'autres constructions, on en voit assez pour juger de leurs formes et de leurs dimensions.

L'entrée qui donne sur la Marine, à laquelle on suppose le nom de Porta Argentina, était beaucoup plus petite et dépourvue d'ornements. M. Lanza émet l'opinion que cette porte donnait autrefois directement sur la mer, qui, dans le cours des siècles, se serait retirée, laissant l'espace qui est maintenant le quai ou Marine. M. Kohl prétend, au contraire, que les fondations du quai furent posées en même temps que celles du palais.

D'après ce qui reste, il est impossible d'indiquer avec certitude quelle fut la distribution intérieure de l'édifice. Le premier qui fit des recherches à ce sujet fut un M. Adam, qui, en 1757, dressa des plans d'après lesquels il fit un tableau idéal du palais, tel qu'il supposait qu'il devait être du temps de Dioclétien. Tous ses dessins sont conservés dans les archives de la municipalité, et, malgré de nombreuses erreurs, son ouvrage a une grande importance archéologique.

Après Adam vint un voyageur français, M. Cassas, qui parcourut toute la Dalmatie, et fit publier par la suite une magnifique édition de ses voyages, avec illustrations.

Ses dessins des antiquités de Spalato ont été en grande partie copiés sur ceux d'Adam, et l'on y observe les mêmes inexactitudes. Depuis quelques années, un ingénieur distingué, M. le chevalier Andrich, habitant de Spalato, étudie avec un zèle vraiment patriotique ce terrain si peu exploité. Ses dessins, qui seront un jour probablement livrés au public, reproduisent, avec fidélité, différentes parties des monuments de sa ville natale, et mettent en relief beaucoup de détails jusqu'ici restés inaperçus. Les excavations dirigées par lui près de l'ancien aqueduc ont amené d'importantes découvertes, dont le résultat pourrait être d'une grande utilité publique.

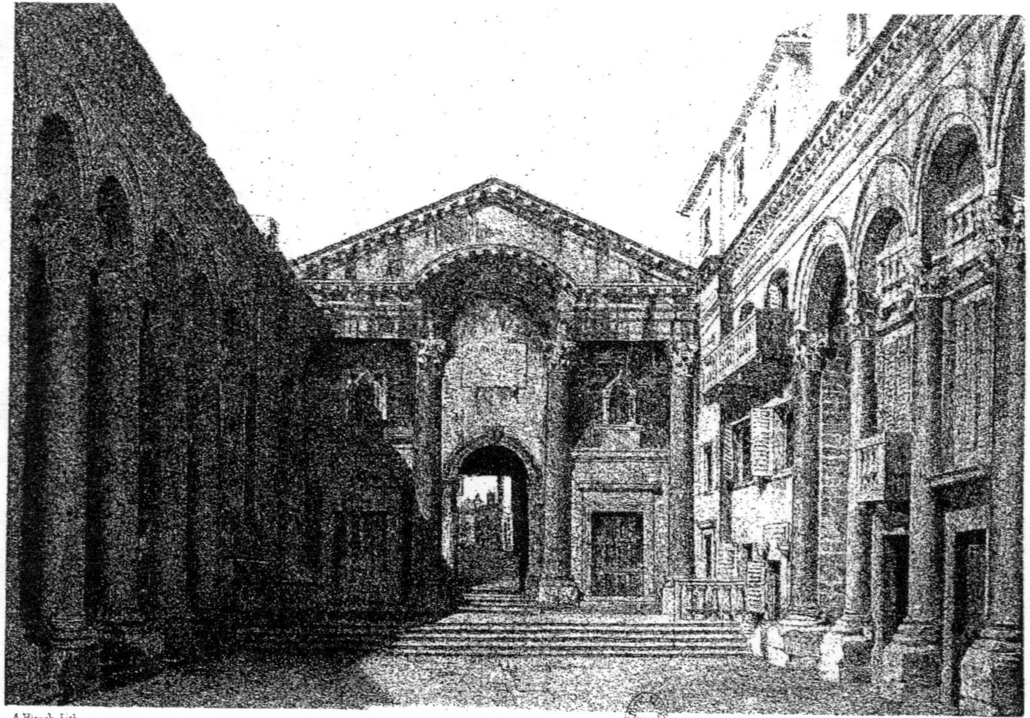

PÉRISTYLE DU PALAIS

Le superbe péristyle (planches 5 et 6) est situé au centre du palais, entre les temples de Jupiter et d'Esculape ; il décrit un parallélogramme dont les côtés sont ornés de seize colonnes corinthiennes, les unes en marbre grec, les autres de granit égyptien. Leurs chapiteaux n'ont pas d'architraves superposées, et soutiennent directement les arcades, licence de style qui commençait à être en vogue à l'époque de Dioclétien.

Dans le fond, plusieurs marches en pierre conduisent à une façade ornée de quatre grandes colonnes. Celles du milieu soutiennent un arc, au travers duquel on entrevoit la rotonde ou vestibule ; à droite, le temple dit d'Esculape apparaît dans un enfoncement ; à gauche, nous découvrons la majestueuse entrée du temple de Jupiter.

Il n'existe peut-être pas ailleurs un temple païen aussi complétement enclavé dans une ville moderne, tout en conservant une bonne partie de son ancien entourage, de sorte qu'il ne faut pas un grand effort d'imagination pour avoir une idée de sa splendeur primitive. M. Zuchich, professeur distingué, a fait un modèle du temple de Jupiter tel qu'il a dû exister autrefois ; ce travail, admirable de précision, est exécuté avec un véritable sentiment artistique, et reproduit jusqu'aux détails les plus insignifiants du monument.

Cet édifice, de forme octogone, est ceint d'un portique corinthien. Selon l'opinion la plus accréditée, il était autrefois orné de statues (1), bien qu'il n'en reste aujourd'hui aucune trace.

L'entablement manque en beaucoup d'endroits, mais presque toutes les colonnes restent encore debout et soutiennent quelques beaux fragments de corniche.

Par suite de sa transformation en église, l'intérieur a subi des modifications ; on a ajouté un chœur, agrandi les niches pour placer les autels et ouvert quelques fenêtres, tandis que l'unique ouverture semi-circulaire qui suffisait au demi-jour d'un temple païen, est maintenant cachée derrière l'orgue. Malgré ces changements, ce monument a un aspect imposant.

Huit grandes colonnes, monolithes de granit, soutiennent une frise qui fait le tour du temple, et sert

(1) Lanza, dans son *Palazzo di Diocleziano*, dit :

« D'après l'ancienne tradition, ces statues, représentant des dieux » païens, furent transportées à Venise il y a plusieurs siècles. Elles avaient » été clandestinement enlevées de l'endroit où on les avait cachées, » lorsque le temple fut consacré au culte chrétien. En vue de cette tradi- » tion, toute incertaine qu'elle est, je ne peux me dispenser d'avouer » l'impression que m'a causée la vue des statues qui ornent actuellement » les *Procuratie nuove* à Venise, dont quelques-unes se rapportent aux » déités païennes de l'époque de la décadence de l'art. Je soupçonne » qu'elles doivent être du nombre de celles qui ornaient autrefois notre » célèbre temple. »

de base à un second ordre de colonnes plus petites, dont quatre sont d'un seul morceau de porphyre (1).

Ce second étage supporte un entablement sur lequel repose la coupole, dont l'intérieur, composé de briques placées les unes sur les autres en forme d'écailles, peut se considérer comme une des parties les plus remarquables de l'édifice. La frise, au-dessous de la corniche supérieure, représente des scènes de chasse et des courses à cheval et en char. Ce morceau, d'une exécution très inférieure, a fait naître la supposition que le temple fut dédié à Diane et non à Jupiter ; mais le surnom de *Jove* que Dioclétien s'était arrogé, et la vénération particulière dont ce dieu était l'objet à Salona, viennent à l'appui de la tradition.

Le clocher de la cathédrale, qui, en moins illustre compagnie, passerait pour un monument remarquable, est une vraie mosaïque d'antiquités. Les colonnes, appartenant à différents ordres d'architecture, furent toutes apportées des débris de Salona ; le mur renferme plus d'une inscription qui, placée dans un musée, aurait peut-être une grande valeur comme document historique, sans compter le magnifique bas-relief qui s'y trouve incrusté (planche 8).

Il fut construit par Nicolo Tuardo, avec la protection successive des deux reines Marie de Naples et Élisabeth de Hongrie ; et malgré la réunion de tant d'éléments divers, la hardiesse de son dessin produit un excellent effet.

Le sphinx en granit noir que l'on voit à droite de l'entrée du temple, derrière les colonnes du péristyle, est un monument égyptien probablement du premier temps des Pharaons ; il a des mains en place de griffes, circonstance qui a fait naître des doutes sur son origine ; mais le genre du travail et les figures que l'on distingue encore sur le piédestal en sont des témoignages irrécusables. Un autre sphinx mutilé, également égyptien, est conservé dans la maison du comte Cindro ; il est en pierre calcaire et porte sur le sein le nom d'Aménophis III. De l'autre côté du péristyle, on voit le monument vulgairement nommé temple d'Esculape. Le premier objet qui frappe les regards en entrant dans son vestibule, est un sarcophage en marbre blanc, orné sur tous les côtés de bas-reliefs.

On éprouve un vif sentiment d'indignation en voyant un monument si remarquable exposé à l'intempérie des saisons et à la malveillance des passants. Mais les mêmes préoccupations qui ont fait jeter le sarcophage à la porte de son ancienne demeure, ont aussi servi

(1) Deux galeries en bois, qui font le tour du temple, permettent d'examiner de près les riches ornements de la corniche, ainsi que la merveilleuse construction de la coupole.

d'égide à toutes ces reliques du passé; l'art classique romain s'est réfugié dans le giron de l'Église romaine. Il est
cependant regrettable que l'on n'ait pas cru devoir transporter ce sarcophage au musée, qui est rempli d'objets
bien moins importants.

Le lecteur verra dans la planche n° 7 une copie
des quatre bas-reliefs dont quelques-uns sont un peu
effacés. On a d'abord cru qu'ils représentaient la fameuse chasse de Méléagre, mentionnée par Ovide et
autres auteurs. Le sanglier serait celui que Diane of-
fensée envoya dévaster les plaines de Calydon, pour
punir le roi OEnée de l'insulte faite à ses autels. Le
jeune homme qui lève le bras pour frapper le monstre
serait le vaillant Méléagre, fils d'OEnée, qui délivra
sa patrie de ce fléau; les personnages à cheval et à
pied représenteraient Castor, Pollux et autres héros qui
assistèrent à cette chasse.

Mais une pareille explication n'a pas d'à-propos quand
il s'agit d'un monument qu'on suppose avoir contenu les
dépouilles mortelles de Dioclétien. M. Andrich et d'autres ont jugé avec plus de vraisemblance que ces bas-
reliefs ont rapport aux différents événements de la vie
de cet empereur.

On se rappelle l'origine obscure de Dioclétien, qui
entra comme simple soldat dans les légions romaines.
Peut-être que le jeune homme qui ploie sous son
fardeau, représente la vie laborieuse de ses premières
années; la chasse au sanglier retrace sans doute d'une
manière symbolique les circonstances bien connues qui
précédèrent son avénement au trône. Il n'était encore
qu'au début de sa carrière, lorsqu'il fit la rencontre
d'une vieille femme qui lui annonça sa haute destinée,
dont la condition préalable était de tuer un sanglier : *aper.*
Plein de confiance et d'ambition, le jeune Caïus se livra
assidûment à la chasse, mais ses efforts ne furent jamais couronnés de succès; et il commençait à déses-
pérer de son avenir, quand un événement inattendu vint
donner raison aux paroles de la prophétesse.

L'empereur Numérien, atteint d'une maladie grave,
accompagnait l'armée dans une litière fermée; il y fut
assassiné par Aper, chef de ses gardes. Mais celui-ci
n'osa point profiter immédiatement du crime qu'il
venait de commettre, et la litière continua à marcher
pendant plusieurs jours, comme si l'empereur eût été
encore vivant; l'odeur infecte qu'exhalait le cadavre
finit par attirer l'attention des soldats. Ils se jetèrent
sur la litière, en arrachèrent les rideaux, et dévoilèrent
ainsi le crime. Des murmures s'élevèrent dans le camp
contre les conspirateurs, et principalement contre Aper,
que tout désignait comme l'assassin. Dioclétien, voyant

dans cet événement une occasion pour l'accomplissement de l'ancienne prédiction, se mit à la tête des
mécontents, accusa hautement Aper, et lui donna la
mort en face de toute l'armée. Cet acte de justice obtint
l'assentiment général et, peu de temps après, Dioclétien
fut élevé à la dignité impériale.

Mais revenons au temple d'Esculape.

Douze marches conduisent à l'entrée, qui se distingue
par la richesse de ses ornements admirablement exé-
cutés; quatre beaux pilastres, placés aux angles de l'é-
difice, soutiennent une superbe corniche corinthienne,
qui est parfaitement conservée; l'intérieur est converti
en baptistère, une belle corniche fait le tour du mur,
sur lequel repose une voûte construite en pierres de
taille où des rosaces de différents dessins ont été
sculptées.

Suivant la tradition populaire, ce monument était
dédié à Esculape, quoiqu'on n'y voie absolument aucun
emblème qui justifie cette opinion. Il s'était jadis élevé
des doutes à ce sujet, et plusieurs personnes avaient
hasardé l'avis que le soi-disant temple pouvait bien
avoir été le mausolée de Dioclétien.

Le sarcophage qu'on y a trouvé, l'extrême épaisseur
des murs, et la construction de la voûte, semblaient
favoriser cette opinion, devenue maintenant incontes-
table par la découverte d'une grande couronne impériale, sculptée en relief sur le frontispice opposé qui,
enclavé dans une maison, avait échappé aux investigations d'Adam et de Cassas.

L'étranger qui visite le musée de Spalato, est désap-
pointé de n'y trouver que des fragments mutilés, et des
objets insignifiants; le plus beau morceau est une Vé-
nus trouvée à Salona, mais malheureusement il y
manque la tête, les bras et la jambe droite. On lit
sur le piédestal : *Veneri victrici.* Il y a aussi plusieurs
vases étrusques, quelques urnes cinéraires, des lacry-
matoires, etc.

On voit souvent des inscriptions sur les murs des maisons, et beaucoup de particuliers conservent des mor-
ceaux de statues et de bas-reliefs. M. Gardner-Wil-
kinson fait mention d'une statue d'un empereur romain,
remarquable par la circonstance que la tête en était
mobile, et pouvait se fixer à volonté dans un creux
ménagé à cet effet, de sorte que le même torse pouvait servir à toute une dynastie. L'idée est ingénieuse
et pourrait avoir son application dans l'époque où nous
vivons.

Le bas-relief reproduit (planche n° 8), qui se trouve
dans le mur du clocher, est d'un beau travail. Suivant
M. Lanza, les sculptures de ce bas-relief feraient al-

PERISTYLE VU DE CÔTÉ

lusion à la conquête de la Mœsie, par Dioclétien. Les personnages sont disposés de la manière suivante : Jupiter et Junon Pronuba, devant l'autel sur lequel on lit l'épigraphe :

MES   TEMP   FELICITAS

ou remplie par M. Lanza : *Mesia capta temporum felicitas*. Derrière les deux figures principales apparaît la Concorde ; à droite, Minerve et Hercule ; à gauche, Mars. La dernière figure à gauche représente peut-être Cybèle, et il faut croire que le lion dont elle est ordinairement accompagnée, se trouvait à côté, dans le morceau qui manque.

Un autre bas-relief, moins bien exécuté, existe dans le mur d'une maison particulière ; il représente un combat entre les Centaures et les Lapithes (planche n° 8).

Il nous reste encore à faire mention d'un dernier bas-relief, unique objet d'art à Spalato, qui se rattache, dit-on, à un sujet sacré, c'est le passage de la mer Rouge (1) (planche n° 8), qui orne un tombeau trouvé à Salona. Ce beau morceau de sculpture est maintenant placé derrière le grand autel dans l'église des RR. PP. Mineurs.

Spalato peut se considérer, par son étendue et le chiffre de sa population, comme la seconde ville de la Dalmatie. Elle compte, avec ses faubourgs, environ dix mille âmes. Ses rues sont excessivement étroites et moins bien pavées que dans d'autres villes dalmates.

Malgré les prétentions des bons citoyens de Spalato, elle n'a aucune importance comme ville commerçante ; son trafic se borne à un échange de denrées avec la Bosnie, et par le cabotage avec les villes de la côte.

Nous avons été témoins de l'embarras d'un voyageur qui s'était muni de billets de la banque d'Angleterre, dans la croyance que ces valeurs, alors en hausse, et dont le cours, à Trieste, se trouvait sur tous les journaux reçus dans les cafés de la ville, serait facile à placer dans une station des bateaux à vapeur pour Corfou, qui passent régulièrement deux fois par semaine ; mais son attente fut trompée, les négociants et les changeurs répondirent, d'un commun accord, qu'ils n'avaient jamais vu du papier de ce genre, et qu'il pouvait bien être hors de cours. Notre voyageur s'adressa alors au bureau du Lloyd autrichien, mais il n'en fut pas plus avancé ; l'employé objecta que, les billets n'étant pas marqués en chiffres, il lui était impossible de connaître leur valeur. On lui conseilla, en conséquence, comme le moyen le plus *expéditif*, d'envoyer son papier à Trieste, par le bateau à vapeur qui lui en rapporterait

(1) La justesse de cette interprétation ne paraît pas être bien établie.

la valeur au prochain voyage. J'ignore de quelle manière le touriste se sera tiré d'affaires, mais cet exemple peut servir d'avis aux voyageurs venant de Corfou et qui voudront s'arrêter à Spalato.

Après avoir admiré, à notre loisir, toutes les merveilles de la nouvelle ville, nous nous dirigeâmes vers l'ancienne capitale latine, la vieille et célèbre Salona. Mais avant de poursuivre notre examen, un coup d'œil rétrospectif sur son histoire ne sera pas hors de propos, pour mieux apprécier le peu qui en reste.

Nous n'avons aucuns renseignements positifs sur son origine. Après la destruction de Delminium, 133 ans avant l'ère chrétienne, Salona devint la capitale de la Dalmatie, et quinze ans plus tard elle fit sa soumission à la république romaine. Elle soutint deux sièges consécutifs pendant les guerres de Pompée et de Jules César.

Après la mort de ce dernier, s'étant déclarée pour Brutus, elle fut une troisième fois assiégée, et resta finalement aux mains d'Octave, dont le premier soin fut de bâtir les murs et creuser un fossé profond, afin de consolider sa puissance dans cette ville, qu'il regardait comme un des points les plus importants du littoral. Les successeurs d'Auguste l'embellirent par la construction de quelques édifices publics ; et, sous le règne de Dioclétien, elle atteignit son plus haut degré de splendeur. Nous ne la retrouvons dans l'histoire que longtemps après la mort de son fils et bienfaiteur. Lorsque les agressions des barbares faisaient trembler l'empire romain, Salona, à son tour, dut en recevoir le contre-coup, et elle fut en partie détruite par les hordes d'Odoacre et de Totila. Quelques années plus tard, Vitigès, roi des Goths, vint y mettre le siège par mer et par terre, mais sans résultat. Malheureusement, les Salonitains ne tinrent aucun compte de l'avertissement, ils ne cherchèrent pas à se prémunir contre de nouvelles attaques ; sans crainte et sans prévoyance, énervés par cette vie molle et voluptueuse qui marque la décadence de l'empire romain, le moment du danger les trouva dépourvus de ressources et même d'énergie pour se défendre, et quand les Avares envahirent la plaine de Salona, les citoyens épouvantés ne songèrent qu'à enlever ce qu'ils avaient de plus précieux et à chercher sur les îles un asile incertain.

La ville fut pillée et rasée jusqu'aux fondements, cette fois pour ne plus se relever.

Salona était située dans une belle campagne, à l'embouchure du Jadero, petite rivière qui sort spontanément d'une ouverture dans la montagne Mossor. Ce torrent était renommé par l'excellence de ses truites, et Fortis énonce très sérieusement l'opinion que cette circonstance entrait pour beaucoup dans la résolution prise par Dioclétien d'abandonner le trône. Malgré la gourmandise proverbiale des anciens, cette hypothèse est tout à fait inacceptable, et il faut supposer d'autres motifs plus dignes à l'abdication d'un empereur romain.

Une belle route conduit au village qui a hérité du nom et des débris de son illustre devancière; car les excavations ne sont, au point de vue des habitants, qu'autant de carrières qui leur fournissent des pierres toutes taillées. Aussi, la moderne Salona présente un singulier coup d'œil. On y voit de beaux blocs de marbre, soutenant l'angle d'un mur d'enclos, ou ornant le dessous d'une fenêtre des dimensions les plus restreintes; des fûts de colonnes, des chapiteaux, des bas-reliefs et des inscriptions sont enclavés d'une manière tantôt pittoresque, tantôt bizarre dans les humbles cabanes morlaques.

L'aqueduc, connu des habitants sous le nom de *Ponte-Secco*, est à moitié chemin entre Salona et Spalato, au milieu des terres; il en reste encore quelques arcs qui témoignent de la solidité du travail. L'état du terrain nous a empêché d'examiner les excavations faites sous la direction de M. le chevalier Andrich; mais, d'après ce qu'il nous en a dit, il existe encore une grande partie des conduits.

Les ruines, peu éloignées du village (1) sont éparpillées sur une étendue très considérable. Le fossé n'est pas entièrement comblé, et on retrouve encore une bonne partie du mur d'enceinte, dont les fragments peu élevés, garnis d'innombrables tours carrées et triangulaires, peuvent donner une idée exacte du système de défense en usage chez les Romains. Quelques pans de mur, très irrégulièrement bâtis, paraissent avoir été élevés postérieurement sur les fondements primitifs, peut-être à la suite des endommagements causés par Odoacre et Totila. On retrouve encore la forme elliptique de l'amphithéâtre, dont quelques arcs restent debout.

Parmi les ruines les plus intéressantes, on peut citer les Thermes. Quoique les fouilles aient été faites incomplétement, on reconnaît la distribution des salles, et une partie des conduits reste intacte, ainsi qu'une fort belle mosaïque, que l'on a dû recouvrir d'un pied de terre pour la protéger contre la rapacité des villageois.

Les anciens écrivains nous donnent peu de détails sur les principaux édifices qui existaient à Salona. Nous savons qu'il y avait un temple de Jupiter, bien qu'on

(1) On trouve des détails intéressants sur les ruines de Salona dans un ouvrage par le docteur Carrara, intitulé : *Topografia e scavi di Salona*. M. Lanza a écrit aussi sur le même sujet.

ne puisse en indiquer la position; peut-être que ses colonnes font aujourd'hui l'ornement du clocher de Spalato. La ville contenait aussi une fabrique d'armes, un trésor public et un atelier de teinture, où l'on préparait la pourpre pour l'usage des empereurs.

On peut calculer l'importance de Salona par la circonstance que, selon Strabon, elle possédait l'unique grand chantier pour navires qui existât à cette époque sur les côtes de la Dalmatie.

C'était sans doute un tableau ravissant que ce port de Salona, situé à l'extrémité d'une longue baie, ayant à gauche la campagne de Spalato, et à droite la *riviera dei Castelli*, d'une fertilité italienne, courant jusqu'aux pieds des montagnes, alors couvertes de forêts.

En s'éloignant de Salona par la route de Trau, on aperçoit, sur la droite, à mi-côte, une chapelle dédiée à saint Caius, Salonitain renommé pour ses vertus, qui fut élevé à la dignité de souverain pontife, et qui souffrit le martyre pendant le règne de Dioclétien. Salona a la gloire d'avoir donné à la fois, — et probablement de la même famille, — un chef à l'empire romain, un pape à la chrétienté et une liste de noms glorieux au martyrologe.

Les dépouilles du saint sont conservées dans un sarcophage en pierre, orné de trois bas-reliefs représentant différents épisodes de la vie d'Hercule.

La grande route de Trau longe un côté de la baie et traverse les villages connus par le nom collectif de *Castelli*; les maisons de ces hameaux sont groupées autour d'anciens châteaux bâtis par les grands seigneurs du xvᵉ siècle, dans le but de protéger les campagnes contre les agressions des Turcs. Chaque château était une forteresse d'une étendue suffisante, non-seulement pour emmagasiner les récoltes, mais encore pour loger les paysans avec leurs familles et leurs troupeaux, auxquels elle servait d'asile dans les moments de péril. Ces petites forteresses étaient toutes pareilles, de forme quadrangulaire, avec une tour à chaque angle et une grande cour au milieu. Un fossé à pont-levis défendait l'édifice sur trois côtés seulement; le quatrième donnait directement sur la baie.

Il n'en reste maintenant que quelques tours en ruines qui s'élèvent sur le bord de l'eau comme un rocher taillé à pic; mais les villages sont assez bien bâtis, et la terre féconde rend en abondance tous les produits de l'Italie méridionale. Les habitants sont laborieux et se vouent à l'agriculture; leur manière de vivre annonce plus d'aisance que dans beaucoup d'autres parties de la Dalmatie.

La ville de Trau couvre une presqu'île qui resserre

D. Keller lith.   imp. Lemercier, Paris   F. David Edit.

BAS-RELIEFS DU SARCOPHAGE

l'entrée de la baie ; elle s'étend jusque sur le rivage opposé, avec lequel elle communique par un pont de près de 140 mètres de longueur. Au milieu, on a établi un pont-levis qui donne accès aux bâtiments ; ce serait un bienfait pour la ville si l'on en agrandissait l'ouverture de manière à laisser entrer les bateaux à vapeur ; mais quoiqu'il en ait été question, la municipalité est trop peu entreprenante pour exécuter ce projet. Le Dalmate est en général routinier et nonchalant ; il déteste les innovations, et, pour réaliser quelques-unes des améliorations dont le pays a tant besoin, il faut absolument la volonté inflexible et le bras puissant du gouvernement.

L'état arriéré où se trouve aujourd'hui la Dalmatie, en comparaison des autres pays de l'Europe, est la conséquence inévitable du caractère national, joint au système égoïste des Vénitiens, qui empêchaient, autant que possible, l'agrandissement de leurs tributaires, dans la crainte qu'un développement trop considérable ne les enhardît au point de se soustraire à la domination de la République.

Que les peuples modernes n'ont-ils imité la sage politique du peuple romain, cette grande nation, qui s'identifiait avec ses colonies et embellissait les pays conquis des arts et de la civilisation de la capitale, de même que leurs temples hospitaliers admettaient sans distinction les symboles de tous les cultes. Certes, il serait impossible dans nos temps de suivre cet exemple au pied de la lettre, mais combien de luttes sanglantes, combien d'insurrections réprimées à grande peine eussent été épargnées si les colons modernes se fussent montrés plus conciliants sur l'article de la religion !

En entrant par la porte de la ville de Trau, un singulier objet attire les regards : un cyprès, touffu et verdoyant, d'environ un mètre de hauteur, sort d'une crevasse imperceptible du mur et étend son feuillage devant le lion de saint Marc, sculpté au-dessus de la porte. L'existence de cet arbre, réellement inexplicable dans un tel endroit, est attribuée, par la voix populaire, à l'intervention miraculeuse de san Giovanni Ursini, évêque de Trau, dans le xi° siècle ; cette croyance a protégé l'arbuste, et aucune main profane n'oserait couper ses branches bienfaisantes, dont on arrache quelquefois de minces parcelles pour en faire des remèdes.

Les habitants de Trau sont, à juste titre, fiers de leur cathédrale, qui, avec sa belle tour gothique et son portail excessivement orné de sculptures, est regardée comme un beau monument d'architecture moyen âge ; l'intérieur se distingue par sa richesse en or, en argent et en bijoux. Le baptistère attenant contient un bas-relief représentant les tentations de saint Jérôme. Cet admirable morceau

est sculpté sur une pierre à deux couleurs, originalité qui, savamment exploitée par l'artiste, produit l'effet d'un camée colossal. Une belle frise fait le tour des murs : elle représente des génies.

Notre dernière excursion avant de quitter Spalato fut au couvent franciscain des *Paludi*. Les moines nous reçurent avec cette hospitalité qui distingue les communautés religieuses en Dalmatie. Après avoir admiré leur jardin et goûté de ses raisins, nous pûmes examiner deux magnifiques volumes, écrits et enluminés dans le xvii° siècle par un frère de l'ordre. Chaque page est ornée d'arabesques de différentes nuances, et dont les dessins ne se répètent jamais, quoique l'artiste ait su garder une certaine analogie dans le style ; ce qu'il y a de plus étonnant, c'est que toutes ces couleurs, conservées fraîches et éclatantes comme lorsqu'elles émanèrent du pinceau, furent extraites du suc des fleurs et des herbes des environs. La dorure a été enlevée aux ailes des papillons, et cette poussière, si brillante et si fragile, a laissé sur le vélin des empreintes durables. En feuilletant ces volumes, on ne sait pas ce que l'on doit le plus admirer, de la richesse de la nature ou du talent ingénieux de l'homme.

Il est à l'ordre du jour de médire des couvents. On oublie trop facilement les services qu'ils ont rendus comme uniques dépositaires des arts et des lettres pendant l'interrègne qui succéda à la vieille civilisation latine. On oublie que sans eux la civilisation nouvelle, inaugurée par le Christ, se serait fait difficilement jour à travers les mœurs barbares qui avaient remplacé le raffinement et la mollesse romaine.

On a reproché aux monastères d'être peuplés d'individus qui ne rapportent aucun bénéfice à la société, et on ferme les yeux sur le grand nombre de personnes inutiles et nuisibles qui se trouvent hors de l'enceinte du cloître, et dont les excès ne sont pas contenus par une règle conventuelle. Il y a dans la société des esprits contemplatifs qui ne sont pas disposés à prendre une part active dans les occupations matérielles de la vie, et qui, dans le calme de la vie monastique, peuvent laisser errer leur esprit dans les vastes champs des hypothèses, et se livrer, selon leur goût et leur aptitude, à ces investigations patientes, auxquelles nous devons tant de trésors littéraires et de découvertes qui ont puissamment aidé à la civilisation moderne.

En Espagne et en Portugal, les vastes terrains appartenant aux communautés religieuses étaient mieux cultivés que les champs de leurs voisins. Depuis, ces magnifiques propriétés, qui autrefois rendaient de bons produits et faisaient vivre la communauté et ses pauvres pensionnaires, sont passées en d'autres mains, et restent souvent incultes.

En sortant du port de Spalato, on passe les îles de Solta et de Brazza. Cette dernière est la plus considérable de tout l'archipel ; son terrain pierreux ne donne que peu de produits ; mais Pline et autres historiens ont célébré le goût exquis de ses chevreaux ; on y recueille du miel en abondance et une petite quantité de vin et d'huile. Nous entrâmes ensuite dans la baie de Lesina, petite ville élégamment bâtie dans le style vénitien, et capitale de l'île du même nom. *Le Loggie*, joli édifice à arcades qui orne son quai, est l'ouvrage du célèbre Sammicheli, et servait autrefois de palais de justice. Sur une hauteur, immédiatement au-dessus de la ville, se trouve le fort *Spagnuolo*, érigé par Charles V lors de son expédition contre les Turcs ; un peu plus loin, sur une autre colline, on distingue le fort San-Nicolo, construit par les Français pendant leur séjour en Dalmatie.

La ville de Lesina fut, en 1807, très endommagée par le feu de l'escadre russe, qui fit une tentative infructueuse pour en chasser les Français. La campagne est semblable en tous points à celle que nous venons de décrire ; ce sont les mêmes tons gris clairs, parfois interrompus par quelques palmiers isolés ou de rares bouquets de caroubiers. Dans l'intérieur de l'île, on trouve différentes espèces de marbres.

Lesina, l'ancien *Pharos*, joue un rôle considérable dans l'histoire de l'Illyrie. Elle fut soumise à la République romaine environ deux cents ans avant J.-C. ; plus tard, elle acquit une sainte célébrité comme asile et lieu de sépulture des premiers chrétiens.

De l'autre côté du canal, on voit l'île de Curzola, dont la fertilité fait exception et contraste étrangement avec les côtes dénudées de Lesina. Ses forêts fournissaient autrefois des mâtures à l'arsenal de Venise, et, quoique maintenant les buissons y abondent plus que les grands arbres, on en retire encore annuellement un matériel considérable pour la construction des navires.

La ville de Curzola couvre l'extrémité d'un promontoire et s'étend jusqu'à mi-côte sur la montagne, qui est couronnée d'un fort. Les rues sont étroites et montueuses, mais les maisons, bien bâties et ornées de solides balcons en pierre, rappellent le goût vénitien, de même que le lion de Saint-Marc et les armoiries de différents doges apparaissent sur les murs, comme autant de souvenirs de la domination de ce peuple marchand.

L'ancien nom de Curzola, *Corcyra Nigra*, provenait, dit-on, de la sombre nuance des sapins qui tapissaient ses montagnes.

Nous ne savons rien de précis sur son histoire d'autre-

fois. Il est probable qu'elle aura subi les mêmes vicissitudes que les autres îles de l'Adriatique, jusqu'au jour où elle tomba au pouvoir des Vénitiens, vers la fin du xe siècle.

En 1298, les Vénitiens, assiégés par la flotte génoise, y essuyèrent une défaite, dans laquelle le provéditore Andrea Dandolo et le célèbre Marco Polo restèrent aux mains du vainqueur. Le premier se déroba par une mort volontaire aux insultes de la république rivale ; Marco Polo occupa les loisirs d'une captivité de quatre ans en écrivant ses aventures de voyage, et cette relation excita une si grande admiration chez les Génois, qu'ils lui rendirent la liberté.

Plus tard, Curzola fut annexée à la république de Raguse. Mais en 1420, les Vénitiens en reprirent possession par un plaisant stratagème (1). Ils possédaient à cette époque un petit îlot dans les eaux de Raguse, et encore plus rapproché de la ville, un rocher escarpé, sur le sommet duquel il n'y avait que juste assez de place pour bâtir une maison. Sur cette pointe, ils firent dresser, pendant la nuit, une batterie de carton, peinte et disposée de manière à imiter un solide mur en pierre ; ils y placèrent un certain nombre de canons en bois, dont la bouche menaçait la ville. Les Ragusiens, le matin, à leur réveil, furent saisis d'une terreur panique ; sous cette première impression, ils conclurent un traité par lequel ils échangèrent la riche île de Curzola pour ces misérables rochers. Pendant les guerres napoléoniennes, cette île fut successivement occupée par les Français, les Russes et les Anglais, jusqu'à ce que le traité de Vienne en garantît la possession à l'Autriche. M. Kohl fait mention d'une espèce de chacal qui abonde sur l'île de Curzola ; ce serait, selon lui, le point le plus septentrional de l'Europe où l'on trouve ces animaux, que l'on désigne dans le pays par le nom de *cani salvatici*. Les chacals de Curzola atteignent la grosseur d'un chien ordinaire ; ils ont le poil court et fauve, le museau allongé, les oreilles droites, la queue tombante et bien garnie.

En quittant Curzola, notre bateau ne s'arrêta plus jusqu'à Raguse. Le trajet se fait en six heures par le canal de Meleda, formé par cette île et la péninsule de *Sabioncello*, étroite langue de terre qui mesure à peu près quinze lieues de longueur sur une et demie de largeur ; cette presqu'île est stérile et peu habitée, à l'exception de son extrémité occidentale, qui se trouve en face de la ville de Curzola.

Meleda, quoique moins boisée que Curzola, est plus couverte de verdure que Sabioncello. Si on en croit les

____

(1) Gardner Wilkinson.

P. Keller lith.

imp. Lemercier Paris

F. David Edit.

Nº1 PASSAGE DE LA MER ROUGE.   Nº2. COMBAT DE CENTAURES ET DE LAPITHES.   Nº3 BAS-RELIEF TROUVÉ DANS LE CLOCHER.

légendes ragusiennes, cette île ne serait autre que la fameuse Ogygia, où Calypso donna l'hospitalité à Ulysse. Ensuite, les chiens de Malte (*Melita*), dont Aristote et Pline font mention, seraient originaires de Meleda. D'après ces mêmes traditions, ce serait sur Meleda, et non sur Malte, que l'apôtre saint Paul fit naufrage. Meleda termine la chaîne de grandes îles qui forment cette suite de canaux, dans lesquels nous naviguions depuis notre départ de Fiume. Nous passâmes encore devant un groupe d'îlots, probablement ceux que les anciens connaissaient sous le nom d'*Elaphites insulæ*, et peu après notre bateau jeta l'ancre dans la baie de Gravosa.

Rien de plus pittoresque que l'aspect de cette petite ville, placée sur un étroit rivage, au pied de collines boisées d'oliviers. A gauche, on entrevoit le val d'Ombla avec ses bouquets de cyprès; puis de belles maisons de campagne, des terrains soigneusement cultivés, enfin des voitures qui attendaient les voyageurs, tout semblait annoncer un degré de civilisation, auquel, depuis quelque temps, nous n'étions plus habitués.

La chaussée qui conduit à Raguse serpente à travers des collines qui se terminent vers la côte en rochers escarpés. Les accidents du terrain, les nombreux détours de la route varient à chaque instant le coup d'œil ; toutes les nuances de verdure viennent se confondre dans ce ravissant paysage. Les larges feuilles de l'aloès jettent un tapis bleuâtre devant la tige élancée du palmier ; les vignes s'entrelacent en festons capricieux autour de petites colonnes en pierre qui, ainsi parées, ont un aspect monumental, et semblent appartenir à quelque villa romaine ; plus loin, des bosquets d'oliviers, de figuiers, de grenadiers, de lauriers-roses, enrichissent le tableau de leurs teintes variées. L'air tiède est embaumé, les suaves parfums des jardins se mêlent aux aromates des montagnes ; la nature a prodigué ses richesses sur cette terre séduisante et trompeuse, qui attire l'homme par sa beauté et s'entr'ouvre pour l'engloutir au moment où il croit jouir de ses bienfaits.

Car Raguse, comme la campagne de Naples, semble être assise sur un volcan. Déjà une fois réduite en ruines par un tremblement de terre, il ne se passe aucune année sans que des secousses légères ne viennent avertir ses habitants de la fragilité du rocher où ils ont planté leur nid.

En 1296, après l'incendie qui détruisit presque entièrement la ville, un membre du sénat proposa de la rebâtir sur la baie de Gravosa ; mais l'opiniâtre attachement du Ragusien pour son foyer fit rejeter à l'unanimité ce sage avis, dont l'adoption aurait peut-être épargné à la capitale les sinistres qui l'ont dévastée postérieurement ; car le grand tremblement de terre ne se fit sentir que faiblement hors de la ville.

D'après Luccari, Raguse aurait été fondée dès l'année 265 de l'ère chrétienne, par des fugitifs d'Épidaure, après la ruine de leur ville natale ; l'histoire de ces côtes abonde en exemples de ce genre. Ce fut ainsi que les habitants d'Aquileia, cherchant dans les lagunes un asile contre la fureur des barbares, jetèrent les fondements d'une plus grande Aquileia, qui devint la reine de l'Adriatique. La population fugitive de Scardona s'établit de la même manière à Sebenico, et les Salonitains se fortifièrent dans le palais de Dioclétien. Il est donc probable qu'une émigration pareille colonisa Raguse, quoique les historiens ne soient pas d'accord sur l'époque de sa fondation.

Quelques-uns fixent la chute d'Épidaure à une date postérieure, et d'autres vont jusqu'à supposer que Raguse existait avant que celle-ci ne fût entièrement détruite.

L'histoire ne dit pas quels événements marquèrent l'enfance de la république ; ce qu'il y a de certain, c'est que le célèbre Roland, dont les exploits ont fait les frais de tant de livres de chevalerie, fut un de ses défenseurs, et les victoires qu'il remporta sur les Slaves de Trébigne remplissent une page brillante dans les annales ragusiennes.

Ce n'est pas notre dessein de retracer les luttes malgré lesquelles ce petit État sut toujours conserver son indépendance, quelquefois par la force des armes, plus souvent grâce à une politique adroite et conciliante, qui faisait habilement tourner à son profit les rivalités des puissances voisines.

Les triomphes des Osmanlis qui, au xv⁰ siècle, firent la conquête de la Bosnie et de l'Herzegovine, durent enlever à la république de Raguse tout espoir d'étendre sa domination dans l'intérieur du pays. Elle chercha en conséquence à s'agrandir par le développement de son commerce et de sa marine, se bornant à conserver vis-à-vis de l'extérieur une neutralité armée.

Grâce à ce système, elle put vivre en bonne intelligence avec la Turquie, sans se mettre en lutte ouverte avec Venise. La prudence de ses citoyens conjura maints orages politiques; aussi l'histoire de Raguse est-elle moins remplie de drames sanguinaires que celle d'autres peuples. Malgré les agressions des Uscoques, le commerce prospérait et versait à pleines mains la richesse et le bien-être sur le sol ragusien. Mais un sinistre effroyable, que l'intelligence humaine ne pouvait prévoir ni empêcher, vint tout à coup plonger les citoyens dans le deuil. Raguse, défendue par tant de luttes courageuses, Raguse, embellie par tant de siècles de patient travail et de sacrifices patriotiques, Raguse fut détruite de fond en comble par un tremblement de terre.

Le temps était clair et calme, la nature avait secoué à peine la torpeur de la nuit, et les délicates fleurs printanières s'épanouissaient aux premiers rayons d'un soleil d'avril; la plupart des habitants se trouvaient encore dans leurs demeures, et ceux qui les avaient abandonnées étaient rassemblés dans les églises, afin de commencer la journée par la prière et le recueillement. Rien, certes, dans ce tableau paisible ne faisait pressentir l'approche du danger, lorsqu'une commotion terrible, subite, ébranla tous les édifices. Temples, palais et maisons croulèrent dans un instant, et plus de cinq mille personnes furent d'un coup enterrées sous les décombres. Le craquement des murs, les oscillations de la terre, le râle des agonisants et les pleurs des survivants durent offrir un spectacle effroyable. Mais de pareils drames n'ont pas de spectateurs; chacun sent la terre lui manquer sous les pieds, le plus hardi tremble qu'une autre secousse ne l'étende à côté des cadavres qui déjà couvrent le sol, et les inquiétudes personnelles ne cessent que pour faire place au poignant désespoir de voir famille, fortune et foyers disparaître sous un monceau de ruines; les vaisseaux dans le port furent lancés les uns contre les autres, la mer monta subitement, les fontaines cessèrent de couler et un nuage de sable obscurcit l'air. Les neuf dixièmes du clergé furent victimes de cette catastrophe, ainsi que le rettore (1) Ghetaldi, dont la mort fut regrettée de tous ses concitoyens; cent cinquante petits garçons furent ensevelis vivants sous les murs de leur école; plusieurs jours après, on entendait les cris de ces malheureux enfants qui demandaient de l'eau; mais il fut impossible de leur porter secours.

Des secousses légères se faisant sentir de temps à autre, alimentaient les craintes des survivants. Beaucoup s'enfuirent à Gravosa, et personne n'osa s'approcher des murs vacillants pour éteindre le feu qui s'était communiqué aux poutres et autres matières susceptibles de s'incendier. Un vent violent porta les flammes d'un bout à l'autre de la capitale détruite, et quand l'incendie s'apaisa faute de combustibles, une bande de Morlaques se précipita sur les débris fumants, afin de piller tout ce que la double catastrophe avait laissé à Raguse; les malheureux habitants, occupés du soin de leur sûreté ou à porter secours à leurs parents, ne repoussèrent pas les intrus, qui massacrèrent impitoyablement ceux qui cherchèrent à défendre leurs biens.

Le sénat fit enfin fermer les portes et prit les mesures nécessaires pour défendre l'entrée de la ville aux féroces montagnards. Les fuyards revinrent, et l'on s'occupa de construire une nouvelle ville sur l'ancien emplacement; il aurait sans doute été plus sage de choisir un autre endroit, mais l'enceinte des fortifications offrait un abri dont on venait d'éprouver la nécessité, et la position topographique de Raguse était aussi favorable à la défense qu'avantageuse pour le commerce.

Les fortifications, le palais du rettore et la douane sont à peu près tout ce qui est resté de l'ancienne Raguse, et encore ces deux derniers édifices durent-ils subir des réparations considérables. La ville moderne se distingue par sa propreté, qualité fort rare en Dalmatie (1). Une seule rue large et bien dallée la traverse d'une porte à l'autre dans toute sa longueur; de nombreuses ruelles qui viennent y déboucher grimpent jusqu'à mi-côte. Elles sont très étroites, mais régulières et bien habitées. Le palais du rettore est remarquable par son architecture et les souvenirs qui s'y rattachent.

Malgré les ravages de trois incendies successifs et de la mémorable catastrophe de 1667, sa belle façade est encore enrichie de souvenirs de l'ancienne Épidaure. Les colonnes qui soutiennent le portique sont, à n'en pas douter, d'origine grecque, et, d'après la tradition, elles auraient appartenu au temple d'Esculape. L'imagination poétique des Ragusiens a cru reconnaître l'effigie de ce dieu dans une figure qui orne le chapiteau d'une colonne, et qui, selon toute probabilité, représente un alchimiste du moyen âge, entouré des emblèmes de son métier.

Dans un coin de la petite cour du palais, couchée et laissée sur le pavé comme un vieux meuble, on voit la statue mutilée d'un chevalier armé, qui n'est autre que le fameux Roland. Cette statue, qui ornait autrefois la place principale, rappelle un épisode des premiers temps de la République. D'après l'ancienne chronique, un pirate sarrasin croisait dans l'Adriatique, au grand préjudice du commerce de ces côtes. La renommée de ses méfaits parvint jusqu'au fond de la Bretagne, que gouvernait alors Roland, neveu de Charlemagne. Ce brave paladin, saisi d'indignation aux récits des actes barbares commis par les infidèles, fit vœu d'arrêter et de châtier ces malfaiteurs, et de délivrer la chrétienté d'un si grand fléau. Il se mit aussitôt en route et atteignit le but de son voyage sans empêchement.

____

(1) Rettore, titre donné au président de la république.

(1) On remarque l'absence du lion de saint Marc; et les Ragusiens se rappellent avec orgueil que leurs ancêtres ont seuls, dans l'Adriatique, tenu tête aux empiétements de Venise. Quoique la république de Raguse ne fut plus aussi florissante après le désastre de 1664, elle maintint cependant son indépendance jusqu'à l'invasion des Français en 1806.

RAGUSE

9.

Arrivé à Raguse, il se mit à la tête d'un petit nombre de guerriers, choisis parmi les plus vaillants de la République, monta sur une galère, et s'en alla attaquer les pirates devant l'île voisine de Lacroma, dont ces derniers s'étaient rendus maîtres. Un succès complet couronna leurs efforts, et le capitaine sarrasin, Spucento, fut amené prisonnier à Raguse, où il eut la tête tranchée.

La reconnaissance des Ragusiens fit élever à Roland une statue en marbre. Ce brave chevalier, ne voulant point être dépassé en courtoisie, fit cadeau à la ville du buste du vaincu, à titre d'hommage aux vaillants citoyens qui avaient partagé avec lui les périls et la gloire de l'entreprise. Ce buste fut placé sur l'arsenal, où on le voit encore aujourd'hui.

Dans cette simple relation il n'est question d'aucune indemnité, soit en espèce, soit en territoire, pour les frais de l'expédition. Les bienfaits étaient alors suffisamment récompensés par la gloire qui en rejaillissait sur le bienfaiteur. Les chevaliers du moyen âge se contentaient de faire retentir le monde entier de ces prodiges de valeur qui nous ont été transmis dans des récits fabuleux, comme les exploits d'Hercule et de Thésée. Les uns et les autres ont allumé le feu sacré des génies de leur époque, et leur histoire nous apparaît tracée par la main du sculpteur et de l'écrivain, avec les embellissements de la poésie classique ou chevaleresque.

Malgré le soin avec lequel la république de Raguse entretenait l'alliance ottomane, peu d'états chrétiens se sont distingués par une piété plus fervente et un attachement plus chaleureux à leurs devoirs religieux. Les églises y étaient en nombre disproportionné au chiffre de la population, et les cérémonies religieuses s'y faisaient avec une grande pompe. Malheureusement aucun de ces temples, dont l'origine se rattachait presque toujours à quelque incident personnel, n'a échappé au désastre de 1667. L'ancienne cathédrale était un souvenir de la piété d'un prince célèbre dans l'histoire des croisades, Richard Cœur-de-Lion, roi d'Angleterre.

Ce souverain, se voyant en grand péril de naufrager en revenant de la terre sainte, fit vœu de bâtir une église sur la première terre qu'il aborderait. Il débarqua sain et sauf à l'île de Lacroma, où une communauté de frères bénédictins lui fit un accueil hospitalier. Richard chargea le supérieur du couvent de l'accomplissement de son vœu, en lui remettant, à cet effet, cent mille marcs. Dès que les autorités de Raguse eurent connaissance de son arrivée, elles l'invitèrent à visiter leur capitale, où il fut reçu avec tous les honneurs que méritait un si vaillant défenseur de la foi. Ils le supplièrent avec instance de faire bâtir l'église à Raguse même, en offrant d'en

faire construire une autre à Lacroma aux frais de la république. Le roi approuva ce projet et destina à sa réalisation une somme considérable d'argent, laquelle, augmentée par d'autres dons, donna pour résultat un temple qui n'avait pas son pareil dans toute la Dalmatie. Ce monument fut détruit en 1667, et l'édifice qui l'a remplacé ne se distingue ni par son style, ni par sa beauté; il renferme pourtant de nombreux témoignages de l'infatigable piété des Ragusiens, qui profitèrent de leur commerce avec des pays lointains pour recueillir, soit à leurs propres frais, soit pour compte de l'État, un si grand nombre d'objets de vénération que leur reliquaire est réputé le troisième en Europe.

Sous le régime républicain, tout citoyen, quel que fût son rang, était tenu d'apprendre un état; le gouvernement veillait soigneusement sur l'éducation des jeunes gens qu'on envoyait faire leurs études à Florence ou à Rome plutôt qu'à l'université de Padoue, car on redoutait avec raison qu'un séjour prolongé sur le territoire vénitien n'exerçât une influence fâcheuse sur l'esprit des élèves. Sous le rapport de l'instruction, Raguse a une grande supériorité sur le reste de la Dalmatie; on y parle le toscan dans toute sa pureté, les habitants se distinguent par leur courtoisie, et les campagnards même n'ont pas cette rudesse qui caractérise en général les populations du littoral.

Le Ragusien a l'imagination vive des Méridionaux; il emprunte à l'Orient sa poésie et à l'Occident sa culture, ces deux éléments l'emportent sur le Slave, dont il n'a ni la physionomie ni les mœurs.

Les jours de marché, Raguse offre un tableau curieux. Les paysannes des alentours, avec leur singulier costume qui varie dans chaque commune et sur chaque îlot; les caravanes qui arrivent de la frontière turque, éloignée seulement d'une lieue, encombrent la ville et les faubourgs de groupes pittoresques.

Les environs diffèrent totalement des campagnes nues et stériles des autres parties de la Dalmatie, la nature s'y montre parée et souriante; elle récompense généreusement les travaux intelligents qui fécondent un sol favorisé.

Nous avions déjà, lors de notre débarquement, jeté un coup d'œil sur le pittoresque vallon de l'Ombla.

Le cours de l'Ombla n'a guère plus d'une lieue; il nous a fallu une heure pour remonter depuis son embouchure jusqu'au fond du vallon, près de sa source; elle sort d'une fente au pied de la montagne et s'étend subitement en une large nappe d'eau. Les hautes collines qui la bordent se terminent par une pente douce, couverte de maisons et de verdure; des cyprès d'une rare beauté se distinguent des autres arbres par leur sombre nuance et leurs formes élancées.

Une belle chaussée conduit à *Ragusa-Vecchia*, petit village qui occupe l'emplacement de l'ancienne Epidaure. On ne voit aucun reste de la ville grecque, et les excavations qu'on y a faites n'ont donné qu'un mince résultat. Son successeur aura sans doute recueilli tous les fragments de ce précieux héritage; les monuments épidauriens auront passé par blocs dans les murs et dans les palais de Raguse; et maintes reliques chères à l'antiquaire seront restées ensevelies sous les décombres de 1667.

Quatre jours sont insuffisants pour voir en détail Raguse et ses environs, et le bateau arriva avant que nous eussions accompli la moitié de nos excursions projetées. Mais le beau temps n'est pas à dédaigner quand il s'agit d'un voyage par mer, quelque petit qu'il soit, et nous ne crûmes pas devoir en perdre l'occasion.

Après l'île de Lacroma, scène des triomphes de Roland, et le joli port de Ragusa-Vecchia, on cotoie les provinces turques, qui n'offrent aux regards que des montagnes stériles; de sorte que pour le voyageur qui longe la côte, la végétation et la culture, les richesses de la nature et les progrès de la civilisation semblent commencer et terminer avec le territoire ragusien.

Comme je l'ai déjà dit, l'archipel dalmate finit peu avant d'arriver à Raguse; au delà, la côte n'est plus abritée par ces îlots protecteurs qui reçoivent le premier choc des vents et des courants. La mer y est presque toujours agitée, et malgré le beau temps notre bateau présentait, pendant ce court trajet, le spectacle peu récréatif qui est de rigueur en pareille circonstance : peu de voyageurs purent se tenir debout pour contempler le paysage qui, du reste, n'avait rien d'attrayant. Ce fut donc avec une vraie jouissance que nous saluâmes l'entrée du canal de Cattaro. Les ci-devants agonisants ressuscitèrent en masse, les uns pour réconforter leur estomac délabré, les autres pour jouir du coup d'œil qui est vraiment superbe.

Les Bouches du Cattaro forment une suite d'entailles colossales dans la montagne; chaque angle du canal varie les contours du paysage sans en changer le caractère. Sur les bords de l'eau, et jusqu'à une certaine hauteur, une riche draperie de verdure couvre la nudité des rochers; le citronnier, le grenadier et autres arbres apparaissent autour de maisons, solidement bâties en pierre. L'eau est sillonnée de bateaux pêcheurs; et de tous les côtés une chaîne non interrompue de montagnes dessine autour du tableau un cadre gris et uniforme.

Notre bateau fit escale devant plusieurs villes, dont la plus grande est Castel-Nuovo, située près de l'entrée du canal; à l'autre extrémité se trouve Cattaro, capitale de la province. La position de cette dernière ville a toute la sévérité de son rôle de place forte; elle n'occupe qu'un étroit rivage, derrière lequel s'élèvent des montagnes inaccessibles. Sur la hauteur la plus rapprochée, on distingue la forteresse, et immédiatement au-dessus de celle-ci les pics du Monténégro. La ville elle-même est petite; du reste, elle est restreinte par le terrain autant que par les murs d'enceinte. Quoique assez bien bâtie dans le style vénitien, elle est un peu sombre; le soleil ne paraît que bien tard au-dessus des hautes montagnes qui partout bornent l'horizon, et ses rayons pénètrent difficilement dans les rues étroites et dallées, qui ressemblent à des corridors obscurs. Les chevaux ne circulent pas dans l'intérieur, et le marché ou bazar se tient hors des portes, deux ou trois fois par semaine; il est plein d'animation, car les Monténégrins y accourent avec tous leurs produits; et malgré tout ce que l'on a dit de la pauvreté de ces montagnards et de la stérilité de leur pays, le fait est qu'ils sont les principaux fournisseurs de Cattaro et de ses environs.

La ville de Cattaro n'a rien de remarquable, mais on peut faire de charmantes promenades en bateau, et les pittoresques villages des Bouches méritent une attention particulière. Notre première excursion fut à Dobrota, petite ville qui s'étend le long du rivage, au pied des rochers monténégrins, car la frontière se trouve en deçà du sommet de la montagne; une ligne de petits palais vénitiens, bâtis sur le bord de l'eau, étale imprudemment ses richesses aux yeux de l'avide montagnard, qui de son nid d'aigle guette le moment favorable pour piller et incendier. Ajoutez encore la circonstance aggravante que la population de Dobrota est exclusivement catholique, ce qui, pour le Monténégrin, équivaut à musulman. Aussi ce village est souvent la scène de drames sanglants, et de tristes ruines noircies par la fumée s'élèvent à côté de belles demeures; le propriétaire assez heureux pour sauver quelque chose rebâtit sa maison, en l'entourant d'un mur élevé percé d'ouvertures assez grandes pour appuyer un fusil. Derrière ce rempart, il se défend à outrance, et dans ces moments suprêmes les *Bocchese* (1) font souvent preuve d'un courage héroïque. Je citerai à ce sujet l'intéressante relation de M. Kohl :

« On nous fit voir la maison abandonnée d'un capi-
» taine de navire qui se défendit, il y a deux ans (2), avec
» sa femme et ses deux filles contre une bande de Monté-
» négrins. Étant un soir tranquillement assis au sein de

<hr>

(1) Femmes des Bouches du Cattaro.

(2) L'ouvrage de M. Kohl a été publié en 1856.

CATTARO

10

» sa famille, un léger bruit dans la cour éveille son at-
» tention ; il s'approche de la fenêtre pour en connaître
» la cause ; deux balles qui sifflent à ses oreilles la lui
» signalent en cassant des vitres. A l'éclair fugitif du
» coup, il distingue une troupe de Monténégrins essayant
» d'enfoncer la porte. Il retire vivement la tête et ordonne
» aux femmes de s'armer, puisqu'il s'agit d'un combat à
» mort. Suivant l'usage du pays, les armes étaient déjà
» chargées ; on éteint promptement la lumière et le feu, les
» femmes se blottissent derrière les piliers de la fenêtre
» tandis que le capitaine descend s'embusquer près de
» la porte, qui, solide et bien verrouillée, résiste encore.
» Cependant les blocs de pierre dont les Monténégrins se
» servent en guise de haches parviennent enfin à y faire
» une ouverture à travers laquelle ils se glissent un à un.
» Le capitaine fait feu sur les intrus au fur et à mesure
» qu'ils se présentent, tandis que les courageuses femmes
» tirent d'en haut sur les assaillants. Ceux-ci, intimidés
» par un accueil auquel ils ne s'attendaient nullement,
» s'enfuient précipitamment, juste au moment où une
» forte patrouille accourait sur les lieux, car le bruit des
» détonations avait répandu l'alarme dans le village. Les
» fugitifs n'eurent pas le temps d'enlever leurs morts ;
» mais ils jurèrent de se venger du capitaine, qui, pour
» se mettre à l'abri de leurs projets vindicatifs, fut con-
» traint d'abandonner sa campagne, et de s'établir dans
» l'enceinte des fortifications de Cattaro. »

Ces attaques nocturnes ont souvent lieu dans les villages près de la frontière, et malheureusement elles ne
sont pas toujours si vigoureusement repoussées, car les
Monténégrins savent parfaitement profiter de l'absence
du père ou du mari pour exécuter leurs criminelles et
ténébreuses entreprises.

Le Bocchese, loin de ressembler au Dalmate en général, est laborieux, hardi et entreprenant ; il préfère la vie
maritime aux travaux agricoles, qui d'ailleurs sont res-
treints à la couche de terre végétale qui termine les rapides versants de la montagne. Il se distingue par son
attachement au sol natal ; après avoir amassé quelque
pécule au milieu des hasards d'une vie aventureuse, son
plus grand bonheur est de rapporter au village le fruit
de son travail ; ses enfants à leur tour suivront la même
carrière. Chaque ville mène une existence séparée. Les
habitants s'allient entre eux, de sorte que presque toutes
les familles d'une commune se trouvent unies par des
liens de parenté plus ou moins rapprochés. Ce système
d'isolement donne pour résultat que chaque petit endroit
a conservé les traits caractéristiques de son origine, et
l'intervalle d'une lieue suffit pour qu'il y ait un change-
ment marqué dans le costume et les usages.

Quoique l'élément serbe prédomine, il est modifié par
l'adjonction du sang albanais, italien et espagnol ; ces
types si divers ont tous laissé quelque chose de leur
physionomie. On sait que les Espagnols, dans le cours
de leurs guerres maritimes, ont à plusieurs reprises oc-
cupé cette partie de la Dalmatie, et il existe un village
entièrement colonisé par eux.

A l'extrémité d'une baie formée par une des bouches
du canal, on voit la petite ville de Risano, qui occupe
l'emplacement de l'ancien Rhizinium, colonie romaine
assez importante, et qui donna à tout le canal son nom
de Sinus Rhizonicus. On y voit encore un pavé de mosaïque et autres restes de l'antiquité. Le costume des
habitants est très pittoresque : les hommes portent une
tunique verte assujettie à la taille avec une écharpe, dans
laquelle sont fixés les pistolets et le yatagan ; un large
pantalon à la grecque retombe sur des bas rouges brodés
en or ; un béret rouge orné d'une houppe, une pipe et
un fusil incrusté en nacre complètent cet accoutrement.

Les Bocchesi, de même que les Monténégrins, ont un
goût prononcé pour les armes et en portent constam-
ment à la ceinture. Le paysan emploie volontiers ses
économies à l'acquisition de beaux pistolets ou de cou-
teaux à manche sculpté, et souvent orné de pierreries.

On n'a pas plus tôt traversé le pont-levis de Cattaro que
l'on se trouve sur le chemin taillé en zigzag qui gravit
la montagne escarpée, forteresse de l'indépendance mon-
ténégrine et terreur des paisibles habitants du canal.

Lors de notre départ, les masses de rochers dont aucune demeure humaine n'interrompt l'âpreté présentaient
un tableau très animé. C'était jour de bazar ; la route
était encombrée de femmes et de mulets chargés de bois,
de maïs, de volailles et autres produits pour le marché
de Cattaro. Les hommes étaient en minorité et ne por-
taient aucune charge ; leur occupation se borne à recevoir
le prix des marchandises. Souvent ils descendaient perpendiculairement pour abréger le chemin, et nous vîmes
avec étonnement beaucoup de jeunes femmes ployant
sous un fardeau, sauter lestement de rochers en rochers,
tout en tricotant pour ne pas perdre de temps.

Quoique rapide, le commencement de la montée est
assez facile et bien entretenu ; mais à quelque distance
au-dessus du fort, une différence sensible avertit le voyageur et son cheval qu'ils ont passé la frontière. A mesure
que l'on monte, un magnifique panorama se déroule devant les yeux : il embrasse à la fois le canal de Cattaro
avec ses découpures bizarres, la mer au loin, sur laquelle
les montagnes de la côte se dessinent en hardi relief ;

chaque angle de la route ajoute un coup de pinceau à ce tableau ; tantôt on aperçoit le chemin de Budua sortant d'un étroit vallon, tantôt il est masqué par quelque saillie de rocher. Arrivé au sommet, on découvre de l'autre côté un petite plaine dans laquelle est situé le village de Njegusch. Une descente courte, mais pénible, conduit à ce terrain plat parsemé de blocs de rocher, qui y tiennent lieu d'arbres. La terre, en partie défrichée, produit des légumes et du maïs. Une trentaine de huttes, grossièrement construites de pierres non taillées, compose ce village, qui est pourtant le lieu de naissance du prince actuel, ainsi que du dernier Vladika et de presque tous les membres de la famille régnante.

Njegusch est sans contredit l'endroit le plus inaccessible de tout le Monténégro, et on peut le considérer comme le berceau de ce petit État. Placé à l'extrémité d'une plaine élevée, qui est pour ainsi dire creusée comme un bassin dans les montagnes qui l'entourent, ses huttes informes et disséminées se détachent à peine des parois de rocher qui s'élèvent derrière elles. Les Turcs n'y ont jamais pénétré ; il est à la fois plus difficile d'accès et mieux caché que Cetinge ; pour l'apercevoir de loin, il faut savoir qu'il est là.

Tels ont dû être les réduits où autrefois les Uscoques guettaient les malheureuses embarcations que l'ignorance du danger ou la fureur des tempêtes poussaient trop près de leurs rivages inhospitaliers ; et depuis que la civilisation a banni la piraterie des hautes mers, elle s'est réfugiée dans ces nids d'aigles suspendus comme une menace au-dessus des fertiles plaines de l'Albanie et des villages du canal de Cattaro. Car le Monténégrin est le véritable successeur de l'Uscoque ; il en a le sang et les instincts, son courage, sa férocité, son goût pour les armes et surtout pour le pillage. Ennemi également du chrétien et du Turc, il ne connaît d'autre occupation que la guerre, et la rapine est l'unique but de son existence.

Quand une trêve momentanée l'empêche de se livrer entièrement à ses velléités belliqueuses (1), il passe son temps à fumer sa longue pipe, tout en projetant de nouvelles entreprises. Le défrichement des terres et toute espèce de travail manuel se fait par les femmes, qui sont regardées comme des êtres d'un ordre inférieur. Le Turc traite sa femme en prisonnière, le Monténégrin la considère comme esclave ; mais tout en la méprisant, il ne la maltraite jamais ; les jeunes filles sont fiancées dès leur enfance ; elles peuvent aller et venir librement, car tout homme qui se rendrait coupable de la moindre inconvenance serait puni de mort par les parents ou le futur ; la

(1) Nonobstant les suspensions d'armes, les Monténégrins ne se privent pas toujours de faire des descentes chez leurs voisins.

jeune fille qui manque à ses devoirs est publiquement fouettée et expulsée du pays.

Aussi n'y a-t-il pas plus de séducteurs que d'anges déchus, et les tendres erreurs sur lesquelles notre civilisation ferme si complaisamment les yeux y sont à peu près inconnues.

Il est fâcheux pour le progrès qu'il soit nécessaire de remonter à la forme la plus primitive et la plus barbare de la vie sociale pour trouver une société composée uniquement de femmes vertueuses et de maris fidèles.

Lors de notre arrivée, les habitants de Njegusch étaient rassemblés au milieu de la route : les hommes, réunis en groupes, fumaient ou parlaient avec animation ; quelques jeunes gens s'exerçaient à des jeux de force et d'adresse. C'étaient pour la plupart des hommes de grande taille, bien faits, à mine rébarbative et déterminée ; leur habillement, si élégant quand il est frais, était fané par la pluie et le soleil. Les groupes se rangèrent pour nous laisser passer, quelques-uns nous saluèrent poliment, le plus grand nombre s'écarta avec une indifférence tout orientale, sans le moindre mouvement de curiosité ; d'autres même jetèrent sur nous des regards peu rassurants ; mais ils s'en tinrent là, et nous poursuivîmes notre chemin sans empêchement.

En quittant Njegusch, nous recommençâmes à gravir la montagne, pour ensuite la redescendre encore plus péniblement. Toute la route jusqu'à Cetinge n'est qu'une série d'ondulations, qu'un touriste a décrites par l'heureuse comparaison d'une mer de pierres. En effet, le plateau s'étend à perte de vue, hérissé de ces inégalités qui se succèdent comme des vagues colossales sur une mer houleuse. Quelquefois les rochers se rapprochent de manière à ne laisser passer qu'un cavalier à la fois ; on comprend le parti qu'un peuple belliqueux dut tirer de pareilles positions, où quelques bons tirailleurs peuvent presque sans risque interdire le passage à toute une armée.

En atteignant la dernière montée, on entrevoit le vallon de Cetinge, qui se déroule à mesure que l'on descend. Sur la côte, près des rochers qui décrivent un mur d'enceinte autour de cette belle et verte prairie, s'élèvent le palais du prince et le couvent avoisinant. Derrière, au sommet d'une hauteur, on distingue une vieille tour sur laquelle on exposait les têtes des Turcs pris dans le combat ; cette coutume barbare fut abolie par le dernier Vladika, il y a six ou huit ans.

Les trente ou quarante huttes qui composent la capitale forment une espèce de rue aboutissant à la place publique, qui est à la fois tribunal, sénat et pâturage pour les baudets. Au moment de notre arrivée, elle n'était oc-

CETINGE — MONTÉNÉGRO.

cupée que par ces quadrupèdes; les habitants de Cetinge, assis devant leurs portes, aspiraient avec nonchalance le tabac turc dans de longues pipes orientales, et les femmes allaient et venaient suivant le genre de leurs occupations. Le costume de ces dernières est plutôt singulier qu'avantageux : une longue casaque en drap blanc leur arrive jusqu'à mi-jambes; ce vêtement, qui colle sur le corps en plis disgracieux, sans jupons dessous, est l'antithèse de la crinoline, il n'a pas de manches et laisse passer celles de la chemise, qui sont quelquefois brodées en couleur; elles se coiffent avec le fez, sur lequel elles jettent un morceau de toile blanche pliée en divers sens et dont les bouts retombent de chaque côté de la figure. Les femmes du Monténégro sont grandes et nerveuses; j'y ai remarqué des jeunes filles assez jolies, mais leur fraîcheur disparaît par l'excès du travail et la malpropreté de leurs habitudes.

Quoique l'aspect de la ville n'eût rien d'encourageant, les renseignements d'un ancien voyageur nous avaient bercé dans l'espérance de trouver une auberge passable à la fin de notre journée fatigante; selon mon avis, un touriste doit se soumettre de bonne grâce aux inconvénients qui naissent si fréquemment dans un long voyage en pays lointains; il trouvera toujours son compte à chercher le côté plaisant d'un incident désagréable, et à substituer l'hilarité à la mauvaise humeur. Nous étions en sus déjà aguerris par l'habitude des auberges dalmates, qui laissent tant à désirer sous le rapport du confortable. Mais tout ce que nous avions expérimenté restait bien loin de ce *loge à pied* monténégrin, où bon gré mal gré il nous a fallu souper avec du pain noir et du fromage salé, le tout arrosé d'un certain vin de Chypre depuis longtemps converti en vinaigre. Le gîte était en rapport avec le repas; des paillasses garnies de draps d'une malpropreté non équivoque, et offrant un vaste champ aux études zoologiques. On nous dit que la princesse avait l'intention de mettre une personne de son service à la tête de cet établissement. En attendant qu'une réforme si nécessaire s'accomplisse, le seul conseil que l'on puisse donner aux voyageurs qui ont l'intention de visiter le Monténégro, c'est de s'approvisionner d'avance, et de se résigner à coucher à la belle étoile.

Le lendemain, nous saluâmes l'aurore avec une joie inaccoutumée, impatients que nous étions de quitter notre détestable logement pour respirer l'air libre et poursuivre nos observations sur ce pays exceptionnel. En revenant de notre promenade matinale, nous vîmes sur la place un concours de Monténégrins qui faisaient cercle autour d'un individu de grande taille, aux traits accentués, à la peau brune, à l'œil vif et noir. Cet homme,

qui pouvait avoir trente ans, portait la tunique nationale, éclatante de blancheur, le ceinturon incrusté de pierres précieuses et garni des plus belles armes. Sa parole brève coupait de temps à autre les discours diffus et véhéments des montagnards qui l'écoutaient avec respect et s'éloignaient d'un air tantôt soumis tantôt boudeur. C'était un spectacle tout nouveau pour nous, car, sans nous en douter, nous assistions aux plaidoyers d'un tribunal en plein air, dont le frère du prince était le juge suprême. Plaignants et défendants exposaient leurs raisons, présentaient leurs témoins, et, après une courte discussion, un jugement sans appel était prononcé. Cette manière patriarcale de rendre la justice m'a vivement impressionné; elle est certainement plus prompte et peut-être plus équitable que nos longues formules judiciaires.

Après midi, nous nous présentâmes au palais, où nous fûmes reçus avec beaucoup d'affabilité par le prince ainsi que par la princesse. Cette dernière, jeune et jolie Triestine, parle plusieurs langues et a reçu une éducation accomplie; malgré tant de circonstances pour briller, elle ne semble point regretter de s'être exilée du monde civilisé pour devenir princesse du Monténégro; son mariage a été béni par la naissance d'une charmante petite fille qui n'avait que peu de mois lors de notre visite, et il faut croire que le double amour conjugal et maternel est une compensation suffisante pour les plaisirs mondains, qui nous arrivent si souvent imprégnés de fiel.

Le prince Danilo Petrovich n'est pas de grande taille; il a l'œil fin et la physionomie moins énergique que son frère. Son éducation, qui fut confiée à des professeurs distingués, et son séjour dans différentes capitales européennes l'ont mis à même d'apporter des réformes salutaires, et, grâce à la sévérité de son administration judiciaire, les voyageurs peuvent, dans les temps ordinaires, circuler dans tout le Monténégro sans nécessité d'escorte. Il serait tout de même imprudent d'étaler des objets de valeur ou de nature à exciter la convoitise devant un peuple habitué à vivre de rapine.

La résidence du prince est un grand bâtiment à un seul étage, sans aucune apparence; le petit salon où nous avons été reçus était assez élégamment meublé à l'européenne; je fus très étonné d'y voir un beau piano à queue; on nous a dit que ce meuble si incommode à transporter avait voyagé depuis Cattaro sur le dos de quatorze hommes, qui se relayaient en chemin. C'est un tour de force qui paraît presque impossible à celui qui a fait le voyage.

Le couvent est un peu au delà du palais, au pied de la montagne, sur laquelle s'étendent quelques-unes de ses dépendances; l'église attenante n'a rien de remarquable, si ce n'est le cercueil de l'avant-dernier Vladika, auquel son successeur accorda les honneurs de la canonisation, peu d'années après sa mort. Ses hauts faits d'arme lui valurent cette singulière distinction. Les Monténégrins ont la plus grande vénération pour sa mémoire, et apportent journellement au tombeau les témoignages de leur pieuse libéralité.

On sait que jusqu'à l'avénement du prince actuel, les Monténégrins ont été gouvernés par un chef (1) qui cumulait toutes les fonctions spirituelles et temporelles; car il était sans doute prudent, chez un peuple sauvage, de revêtir le pouvoir exécutif du caractère sacré d'une autorité ecclésiastique.

De l'autre côté de la plaine, en face de Cetinge, un chemin qui ressemble à un escalier en ruines gravit la montagne à l'endroit le plus accessible; du sommet de la première crête, on découvre au loin le lac de Scutari, et le défilé qui y conduit a joué un grand rôle dans l'histoire du Monténégro, car c'est l'unique point par lequel l'armée turque a quelquefois pénétré jusqu'à Cetinge, malgré les difficultés inouïes du passage. Au delà du mur naturel qui entoure ce vallon, les montagnes sont moins élevées et s'abaissent insensiblement jusqu'au lac.

Deux ou trois petites rivières y aboutissent; l'une, appelée Rjeka, est en partie navigable, traverse des terrains d'une grande fertilité, mais pour la plupart incultes. Le prince Danilo a le projet d'en essayer l'exploitation, et même d'y fonder une ville: entreprise difficile et dangereuse que de vouloir remplacer le sabre par la charrue quand il s'agit d'un peuple pour lequel le travail est synonyme de servitude.

Tous les torrents de la montagne abondent en poissons exquis, parmi lesquels on peut citer les scoranze, espèce de carpes dont on expédie des cargaisons entières pour Trieste et Venise. Après la salaison, ce poisson a le goût de la sardine; il est très-apprécié par les amateurs.

La pêche sur le lac de Scutari est l'occasion de fréquentes rixes entre les Monténégrins et les Albanais, qui en partagent les droits. C'est alors une guerre à mort, car il n'est pas question de prisonniers entre de pareils adversaires; quelquefois une suspension d'armes semble devoir mettre un terme à ces luttes barbares, mais les traités sont impuissants pour retenir le Monténégrin quand il s'agit de satisfaire à sa passion dominante; car le brigandage est une condition nécessaire de son existence, un besoin impérieux, comme le sommeil et la nourriture pour les autres hommes.

Avant de quitter ce sujet, je citerai quelques paragraphes du récit d'un officier russe qui fut témoin de leur manière de guerroyer, lorsqu'en 1806 un corps de Monténégrins fut adjoint à l'armée russe (1) : « Ils ont sur la » guerre des idées tout autres que celles des peuples civilisés : ils tranchent la tête à l'ennemi pris les armes » à la main, et n'épargnent que celui qui se rend avant le » combat. Ils se défendent jusqu'à la dernière extrémité, » sans jamais demander grâce, et si un des leurs, gravement blessé, se trouve en danger de tomber au pouvoir » de l'ennemi, ses propres camarades lui coupent la tête. » À l'assaut de Chobuk, un détachement de nos troupes » ayant dû battre en retraite, un officier qui n'était plus » jeune tomba d'épuisement; un Monténégrin, qui s'en » aperçut, courut vers lui en tirant son yatagan : vous êtes » très-brave, dit-il, et vous devez en conséquence désirer que je vous coupe la tête; prononcez une prière » et faites le signe de la croix. L'officier russe, étonné » d'un tel propos, fit un effort suprême et, avec l'aide du » Monténégrin, rejoignit ses camarades.

» De même que les Tcherkeses, ils font continuellement des excursions par bandes pour voler le bétail; et » ces entreprises sont regardées parmi eux comme des » actes chevaleresques; retranchés dans leurs montagnes, où personne n'ose les attaquer, ils poursuivent » leurs brigandages avec impunité, méprisent également » les menaces du divan et la haine de leurs voisins.

» Ses armes, un morceau de pain, un fromage, un peu » d'ail, de l'eau-de-vie, une vieille tunique et deux paires » de sandales en cuir non tanné, voilà tout l'équipement » du Monténégrin. Pendant les marches, il ne cherche » pas à s'abriter contre l'intempérie; par un temps pluvieux, il s'enveloppe la tête dans sa couverture, se » couche par terre et dort paisiblement.

» Leur tactique se borne à une extrême habileté comme » tirailleurs; ils tirent ordinairement couchés par terre, » et il n'est pas facile de les atteindre, tandis que leurs » coups rapides et sûrs font des ravages dans les colonnes » serrées de l'ennemi. Ils ont l'œil très-exercé à calculer » les distances, et savent tirer parti des avantages du » terrain. Comme ils ont l'habitude de se battre en se » retirant, les Français croyaient à une fuite, et tombaient continuellement dans des embuscades; eux» mêmes sont si méfiants que les manœuvres les plus » adroites ne sauraient les tromper.

» Ils ne peuvent résister aux troupes régulières en » dehors de leurs forteresses naturelles; l'habitude qu'ils » ont de se débander pour dévaster le pays les empêche » de maintenir longtemps les positions; de sorte que leur

<hr>

(1) Ce dignitaire s'appelait Vladika (évêque).

(1) M. Broniewski, officier sur la flotte russe sous l'amiral Siniavin.

» désordre nous faisait perdre les avantages que leur cou-
» rage nous avait obtenus, et empêchait de recueillir les
» fruits de la victoire.

» Pendant le siége de Raguse il n'a jamais été possible
» de savoir au juste combien il y en avait réellement sous
» les armes, parce que ceux qui s'étaient déjà battus
» retournaient dans leur foyer en emportant leur butin,
» tandis que de nouveaux arrivants les remplaçaient
» dans l'armée; et ceux-ci, à leur tour, après quelques
» jours d'efforts infatigables, repartaient pour leurs mon-
» tagnes chargés d'objets souvent insignifiants.

» Dans un combat régulier, on ne parvient à connaître
» leurs mouvements qu'en suivant de l'œil la direction
» de leurs drapeaux. Ils ont des cris d'appel pour se
» rassembler en troupe et tomber sur les côtés faibles
» de l'ennemi. Dès que le signal d'attaque est donné, ils
» se jettent avec fureur, brisent le carré et portent le
» désordre dans les rangs. C'était un spectacle effrayant
» que de voir avancer les Monténégrins en poussant des
» hurlements sauvages et portant suspendus à leurs
» épaules des têtes d'ennemis.

» Le commandant russe eut beaucoup de peine à les
» empêcher de couper la tête à leurs prisonniers; il
» n'y réussit qu'en payant une rançon d'un ducat par
» homme. »

Un demi-siècle qui vient de s'écouler n'a presque rien
changé à ce portrait tracé par une plume amie, et ses
principaux traits se retrouvent encore aujourd'hui dans
l'histoire et la physionomie de ce singulier peuple.

Je ne mets en doute ni le courage ni le patriotisme
des Monténégrins, et je les qualifierai comme l'auteur que
je viens de citer : « Vrais guerriers quand il s'agit de
» défendre la patrie; mais qui, au delà de leur frontière,
» se comportent en véritables barbares, et mettent tout
» à feu et à sang. »

En présence de pareils témoignages, il est permis de
demander, au nom de l'humanité, pourquoi, lorsque la
civilisation s'étend par la conquête en Afrique et en Asie,
et semble vouloir atteindre les limites de l'extrême
Orient, il reste encore un coin, dans notre Europe, où
le brigandage s'exerce avec impunité et le barbarisme
s'appuie sur la foi des traités.

Comment! les intérêts de la civilisation permettraient
que la Turquie fût rayée des nations européennes, et
au nom de la liberté on prête des ailes au vautour monténégrin (1)!

Les habitants de Cattaro et des campagnes de Raguse

ne savent que trop bien distinguer entre les musulmans
inoffensifs de la Bosnie et de l'Herzégovine et les farouches
schismatiques du Monténégro.

L'arrivée des pluies d'automne, si incommodes pour
un voyageur à cheval ou en bateau, nous détermina à
retrancher une partie de notre programme, et nous fûmes
contraints de nous embarquer pour retourner à Raguse,
sans avoir visité les côtes de l'Albanie. Il nous a fallu
également abandonner notre projet de voyage par la
Narenta à Mostar, et nous arrivâmes à Spalato sans faire
d'autres haltes que celles indiquées dans le règlement
du bateau à vapeur.

Il était impossible de quitter cette ville sans jeter un
dernier coup d'œil sur les monuments imposants que
j'ai essayé de décrire, et ce ne fut pas sans regrets que
nous fîmes nos adieux aux amis dont l'accueil bienveil-
lant nous a laissé de si bons souvenirs. Enfin, munis de
lettres de recommandation, nous montâmes dans un
petit char-à-bancs, et, après avoir traversé Salona, nous
commençâmes à gravir le défilé, où un macadam bien
conditionné remplace la via Gabiniana qui, du temps des
Romains, conduisait de Salona à la forteresse de Clissa.
Ce défilé, entre les montagnes Mossor (1) et Karban, est
un chemin tracé par la nature; unique voie de commu-
nication entre la campagne de Spalato et le vallon de la
Cettina, Sign et ses environs. Ses approches sont gar-
dées par la forteresse, dont les murs, souvent renou-
velés, ont joué un si grand rôle dans l'histoire de ces
contrées. Clissa (Anderium) fut la dernière halte des
Avares avant de se précipiter sur la plaine de Salona.
Elle arrêta un instant le progrès de cette avalanche humaine qui répandait partout la désolation.

Les Hongrois, les Turcs, les Vénitiens, enfin toutes les
puissances qui ont successivement dominé en Dalmatie,
ont pris, perdu et reconquis tour à tour ce point important. Que de races et de religions s'y sont rencontrées!
En 1217, le roi de Hongrie, André II, en confia la défense
aux Templiers. Quelques années plus tard, il fut assiégé
par les Mongols, et dans le xvi⁰ siècle les Uscoques s'en
rendirent maîtres, et en firent un point de départ pour
leurs pirateries, qui n'épargnaient ni chrétiens ni infidèles.

De Clissa, on jouit d'une des plus belles vues de toute
la Dalmatie, embrassant la campagne de Spalato, Salona et Trau, avec ses jardins de vignes et d'oliviers, les
flancs nus et crevassés du Monte-Mossor; et, au loin,
la silhouette grise des montagnes battues par les vagues.

---

(1) Les Monténégrins ont choisi le vautour comme emblème national.
(Kohl, *Dalmatien und Montenegro*).

(1) Mossor, ainsi nommé, dit-on, par rapport aux mines d'or qui s'y
trouvent et qui, du temps des Romains, ont produit des quantités considérables du précieux métal.

En approchant de Sign, on découvre un autre panorama, offrant, il est vrai, moins de variété et d'étendue,
mais remarquable par sa verdure, chose bien rare en
Dalmatie : « C'est une véritable Italie, » disait notre conducteur, « on n'y voit pas seulement une pierre. » Le
vent froid qui nous fouettait le visage ne justifiait pas
tout à fait cette flatteuse comparaison; mais le vallon de
la Cettina, quoique loin de ressembler à un jardin italien, n'en est pas moins une belle prairie, qui s'étend,
unie et verdoyante, jusqu'au pied des montagnes de la
Bosnie. Ce terrain, très élevé, trop froid pour la vigne et
l'olivier, fournit d'excellents pâturages pour les bestiaux; il est arrosé par la rivière Cettina, l'ancien Illyrus,
qui a donné son nom à tout le pays.

La petite ville de Sign, première étape de notre excursion, est située au bord du vallon; comme Clissa, elle a
eu sa part dans les diverses péripéties des guerres entre
les Vénitiens et les Turcs; maintenant, elle n'est qu'un
paisible rendez-vous pour les caravanes qui arrivent par
Livno de l'intérieur de la Bosnie; toutes les semaines,
on y tient un bazar ou foire, et dans ces occasions, les
rues sont bariolées de costumes à couleurs tranchantes,
car les paysans des environs, ainsi que des villages
turcs de l'autre côté de la montagne, accourent en foule
à la solennité hebdomadaire.

La Madone de Sign jouit d'une grande célébrité; elle
est tenue pour miraculeuse dans tout le pays, et il n'est
pas rare de voir un musulman s'approcher de son autel
pour y déposer son offrande. Spectacle attendrissant!
ces ennemis si acharnés, Grecs, catholiques, Turcs, se
réunissent en adoration devant la douce image de la mère
de Dieu.

Ce tableau, d'origine byzantine, fut transporté à Sign
d'un couvent bosnien à Cressowo, en 1716.

Il existe une autre madone, très remarquable au point
de vue artistique, dans une petite église de village, sur
la route de Verlicca.

On ignore quel pinceau inspiré a tracé ce tableau,
dont les traits et le coloris semblent accuser une origine
grecque. Quoi qu'il en soit, l'exécution en est admirable,
et la voix unanime des connaisseurs l'a déclaré un chef-
d'œuvre. Une immense douleur opprime le cœur de la
sainte Vierge; on voit briller une larme sur sa joue.
Les traits sont plus allongés et les contours moins pleins
que dans l'école italienne.

Après un court séjour à Sign, nous reprîmes notre
voiture pour suivre le chemin de Verlicca, en remontant
le cours de la Cettina. Quelques hameaux morlaques apparaissent çà et là sur le rivage boisé et accidenté; l'approche de ces villages est annoncée par une demi-dou-

zaine de grands enfants tout nus qui demandent bruyam-
ment l'aumône.

Dès qu'on s'éloigne des environs de Spalato, le pays
change complétement de physionomie. L'élément italien
fait place au slave, et le patois vénitien, ce joli gazouil-
lement, qui est au toscan ce que l'andalous est au castil-
lan, est remplacé par l'illyrien sonore et vibrant; tout
a un cachet primitif et agreste. Les Morlaques diffèrent peu de leurs voisins les Bosniens par le costume et
par les mœurs; ils se coiffent du turban, portent pantalon large et ceinturon en laine, bien garni d'armes.

Quoique le pays ne manque pas de chemins carros-
sables, ils préfèrent transporter toute espèce de produit
sur des bêtes de somme, et l'on voit souvent des caravanes à l'espagnole de vingt ou trente chevaux, avec
presque autant de conducteurs.

Les Morlaques et les Bosniens sont de race serbe;
leurs mœurs sont plus douces que celles des Monténégrins, mais le type est à peu près pareil. Le Morlaque,
comme le Monténégrin, est peu laborieux; il a aussi
une propension à s'approprier le bien d'autrui; mais ces
goûts contraires à la société sont contenus par le respect
des lois et réprimés par la vigilance des autorités; tandis
que le Monténégrin se trouve dans des conditions toutes
différentes, c'est-à-dire sans aucune loi et soumis à l'autorité d'un chef qui, pour conserver son sceptre, doit
avant tout flatter les passions de la tribu qu'il gouverne.

Verlicca est un grand village situé sur la pente d'une
montagne; ses rues irrégulières et ses maisons éparses
s'adaptent complaisamment aux sinuosités du terrain.
Son vieux château, sur le sommet d'un rocher isolé, apparaît comme un seigneur féodal parmi ses vassaux.

L'aspect essentiellement morlaque de cet endroit nous
inspira de vives inquiétudes à l'égard de notre logement.
Mais la cordiale hospitalité du *pretore* (1) ne nous permit
pas de chercher un gîte à l'auberge, qui, par parenthèse,
jouit d'une réputation détestable.

Le lendemain matin, notre aimable hôte nous conduisit
à une grotte de stalactites située près de Verlicca. Le
chemin, en partie carrossable, suit d'abord le flanc de la
montagne et ensuite redescend dans le vallon. Le premier objet qui fixa notre attention fut une église en ruines,
que l'on attribue aux Templiers. Le petit cimetière attenant contient quelques anciennes pierres tumulaires.
Un peu plus loin, les sources de la Cettina s'échappent
en bouillonnant de plusieurs ouvertures. Au pied de la
montagne, ces ruisseaux, considérables dès leur naissance, se réunissent dans une nappe d'eau assez large,

____

(1) Sous-préfet.

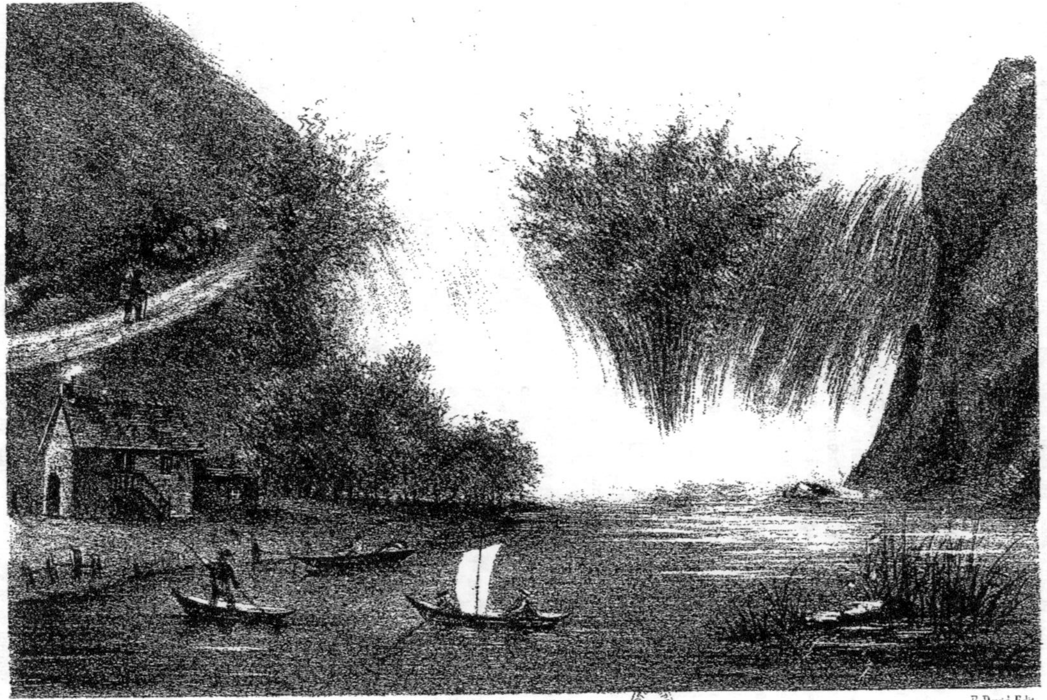

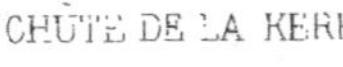

D Keller Lith. Imp. Lemercier, Paris. F. David Edit.

CHÛTE DE LA KERKA

12

mais peu profonde. La Cettina, ainsi que tous les fleuves dalmates, est alimentée par des torrents souterrains.

Presque au-dessus des sources se trouve la grotte, principal but de notre promenade. Son entrée étroite et basse rehausse encore l'effet surprenant que présente l'intérieur : de vastes appartements, des corridors interminables se déroulent à perte de vue à droite et à gauche. Qu'on se figure le coup d'œil que présente ce palais souterrain, illuminé à moitié par les torches improvisées de vingt ou trente Morlaques ; ces hommes, à costume semi oriental, groupés autour des masses de colonnes fines et droites qui semblent appartenir à quelque monument d'architecture inconnue et fantasque, et qu'éclairent les reflets rougeâtres et blafards de la résine, tandis qu'un nuage de fumée, chargé d'âcres parfums, s'élève contre la voûte étincelante, et noircit ces capricieuses draperies de pierre moulées par la main de la nature ; plus au loin, des arcades, de proportions bizarres, soutenues par des piliers gigantesques, se dessinent imparfaitement.

On prétend que la grotte de Verlicca égale en étendue et en beauté celle d'Adelsberg, près de Trieste. Dans cette dernière, l'art est venu au secours de la nature ; elle n'est ouverte au public qu'une fois par an, pour la foire de Pâques. Dans ces occasions, un magnifique éclairage à jour fait ressortir la transparence des stalactites, dont l'éclat n'est pas terni par la fumée.

Le lendemain, nous prîmes congé de notre excellent hôte, et une carriole attelée de deux chevaux passables nous emporta rapidement sur le chemin de Dernis ; cette petite ville, où nous trouvâmes contre notre attente un bon repas à table d'hôte, n'a rien de remarquable que son minaret. J'ignore à quoi sert maintenant cet édifice ; mais il est parfaitement conservé. De Dernis à Scardona, il n'y a que trois ou quatre heures de chemin ; les voitures abondent et la route est excellente ; aussi, à sept heures du soir, notre conducteur nous déposa sur les bords de la Kerka, en nous signalant la barque qui nous attendait. Il faisait un clair de lune superbe, et la rivière, qui, en cet endroit, s'élargit subitement, apparaît comme un lac entouré de montagnes. Quelques lumières de l'autre côté du bassin nous indiquaient le prochain terme de notre voyage, et une demi-heure plus tard, nous étions installés dans une petite auberge proprette, où le délicieux fumet d'un mouton rôti entier stimulait notre appétit.

Le jour suivant, de bonne heure, nous louâmes un bateau pour visiter la cascade de Scardona. Au sortir du bassin, la Kerka est resserrée entre deux chaînes de montagnes arides ; il y avait à peu près une heure que nous remontions son cours lorsqu'au détour d'un angle la chute nous apparut dans le fond du paysage, occupant toute la largeur de la rivière et arrêtée de chaque côté par un mur de rochers. Elle se partage en deux bras, dont l'un tombe presque perpendiculairement d'une grande hauteur, l'autre se jette en bouillonnant sur plusieurs marches qui forment une espèce d'escalier tournant. Aux deux tiers de la descente, les eaux se réunissent dans une seule masse pour se répandre au loin en flots d'écume éblouissants de blancheur. Un gros bouquet de figuier et d'aubépine en surgit comme d'une coupe d'albâtre ; le feuillage, éternellement arrosé, étincelle aux rayons du soleil. Sur la montagne, à droite, on ne voit aucune habitation ; elle se termine par une pente rapide et de difficile accès ; un joli moulin rustique occupe le coin du rivage à gauche ; à côté, un jardin d'oliviers avance en promontoire et s'aventure jusqu'au pied de la cascade ; les branches touffues de ces arbres et les buissons de la montagne sont voilés par le nuage transparent qui s'élève des eaux pour envelopper tout le paysage.

On calcule la hauteur de la chute à 172 pieds ; sa largeur est à peu près de 250. Elle présente un plus grand volume d'eau que celle du Rhin, qui est plutôt gracieuse que grandiose, et doit son charme à la disposition capricieuse et pittoresque des rochers qu'elle trouve sur son passage. Ici, les rochers se laissent deviner à travers l'eau, mais on ne voit que le vert des arbustes et la blancheur de l'écume. Il faut convenir qu'il est difficile de tracer un parallèle exacte entre deux cascades : ce genre de paysage varie si complètement selon l'époque de l'année à laquelle on le voit.

A notre retour de la cascade, nous nous mîmes à la recherche d'une voiture pour nous conduire à Zara ; et ce ne fut pas sans difficulté que nous parvînmes à voir arriver devant la porte de l'auberge le lourd fiacre et ses maigres haridelles. Dès qu'on laisse en arrière les campagnes accidentées de Scardona, le chemin suit à travers une plaine aride, qui s'étend jusqu'aux montagnes de la côte. Nous ne nous arrêtâmes qu'à Bencovaz, village peu considérable, qui, dans ce pays où les maisons sont encore plus clairsemées que les buissons, a toute l'importance d'une ville de 30,000 âmes. Au delà de Bencovaz, ce sont de vastes prairies qui s'étendent à perte de vue ; ces terrains, fiévreux et malsains pendant la plus grande partie de l'année, servent de pâturage, et le chemin était encombré de bestiaux avec leurs conducteurs. A la tombée de la nuit, nous traversâmes le pont-levis de Zara, et le lendemain, à midi, nous étions déjà loin des côtes de la Dalmatie.

En écrivant ces pages, je ne me suis proposé d'autre but que celui de présenter au public des monuments peu connus, et qui cependant méritent bien l'attention du monde artistique. La Grèce et l'Italie ont été décrites en prose et en vers, examinées, fouillées, analysées de toutes les manières et en tous les sens, tandis que le touriste passe sans le savoir à côté de l'amphithéâtre de Pola, du Temple de Spalato, et de mille autres restes de la civilisation romaine, et non moins importants que ceux de l'Italie et de la Grèce.

— Imprimerie de Dubuisson et Cie, rue Coq-Héron, 5.

www.ingramcontent.com/pod-product-compliance
Lightning Source LLC
Chambersburg PA
CBHW061319060726
47596CB00003B/974